Abhängigkeitsgraph

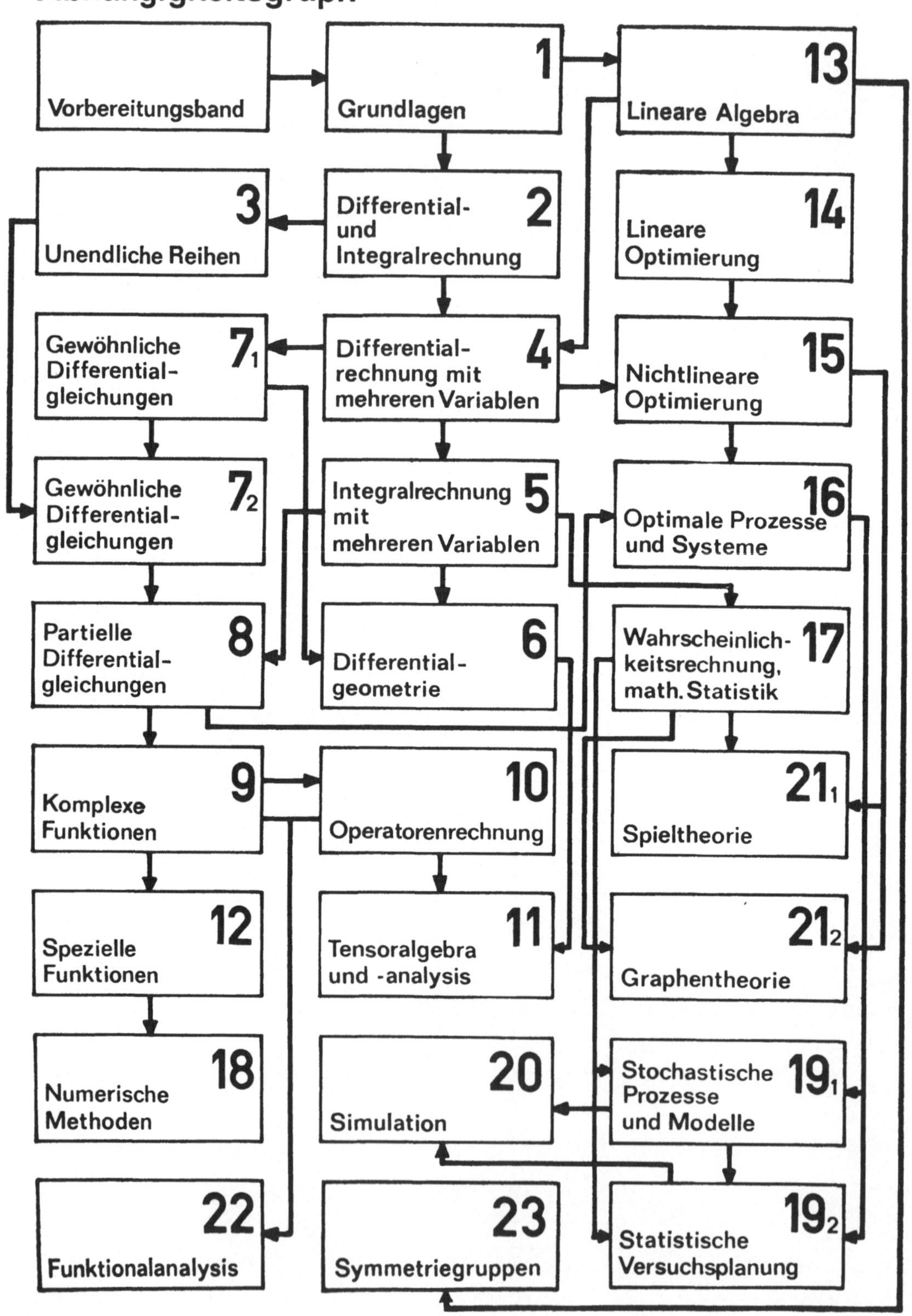

MATHEMATIK FÜR INGENIEURE, NATURWISSENSCHAFTLER,
ÖKONOMEN UND LANDWIRTE · ÜBUNGSAUFGABEN 4

Herausgeber: Prof. Dr. O. Beyer, Magdeburg · Prof. Dr. H. Erfurth, Merseburg
Prof. Dr. O. Greuel† · Prof. Dr. C. Großmann, Dresden
Prof. Dr. H. Kadner, Dresden · Prof. Dr. K. Manteuffel, Magdeburg
Prof. Dr. M. Schneider, Karl-Marx-Stadt · Doz. Dr. G. Zeidler, Berlin

PROF. DR. H. GILLERT
DOZ. DR. V. NOLLAU

Übungsaufgaben zur Wahrscheinlichkeitsrechnung und mathematischen Statistik

4. AUFLAGE

Springer Fachmedien Wiesbaden GmbH

Das Lehrwerk wurde 1972 begründet und wird seither herausgegeben von:
Prof. Dr. Otfried Beyer, Prof. Dr. Horst Erfurth, Prof. Dr. Otto Greuel †, Prof. Dr. Horst Kadner,
Prof. Dr. Karl Manteuffel, Doz. Dr. Günter Zeidler
Außerdem gehören dem Herausgeberkollektiv an:
Prof. Dr. Manfred Schneider (seit 1989), Prof. Dr. Christian Großmann (seit 1989)

Verantwortlicher Herausgeber dieses Bandes:
Dr. rer. nat. habil. Horst Erfurth, ordentlicher Professor an der Technischen Hochschule
„Carl Schorlemmer", Leuna-Merseburg

Autoren:
Dr. sc. nat. Heinz Gillert, a. o. Professor an der Technischen Universität Dresden
Dr. sc. nat. Volker Nollau, a. o. Dozent an der Technischen Universität Dresden

Gillert, Heinz:
Übungsaufgaben zur Wahrscheinlichkeitsrechnung und mathematischen Statistik/H. Gillert; V. Nollau. –
4. Aufl. – Leipzig: BSB Teubner, 1990. – 56 S.
(Mathematik für Ingenieure, Naturwissenschaftler, Ökonomen und Landwirte; Übungsaufgaben 4)
NE: Nollau, Volker:; GT

ISBN 978-3-322-00372-0   ISBN 978-3-663-07666-7 (eBook)
DOI 10.1007/978-3-663-07666-7

Math. Ing. Nat. wiss. Ökon. Landwirte, Ü 4 ·

© Springer Fachmedien Wiesbaden 1987
Ursprünglich erschienen bei BSB B. G. Teubner Verlagsgesellschaft, Leipzig, 1987
4. Auflage

VLN 294-375/49/90 · LSV 1074
Lektor: Jürgen Weiß

Gesamtherstellung: INTERDRUCK Graphischer Großbetrieb Leipzig,
Betrieb der ausgezeichneten Qualitätsarbeit, III/18/97
Bestell-Nr. 666 371 5
00450

Vorwort

Diese Aufgabensammlung schließt sich unmittelbar an den Band 17 „Wahrscheinlichkeitsrechnung und mathematische Statistik" der Reihe „Mathematik für Ingenieure, Naturwissenschaftler, Ökonomen und Landwirte" an. Es wurden daher nur solche Aufgaben aufgenommen, die mit den dort vermittelten Kenntnissen gelöst werden können.

Neben Würfel- und Spielkartenaufgaben, die wegen ihrer Einfachheit vor allem für die aktive Aneignung insbesondere der Grundlagen der Wahrscheinlichkeitsrechnung gedacht sind, wurde Beispielen aus technischen Gebieten der Vorzug gegeben, um die praktischen Möglichkeiten der Anwendung der Wahrscheinlichkeitsrechnung und mathematischen Statistik zu zeigen. Es kann den Studenten empfohlen werden, Würfel- und Spielkarten-Experimente selbst durchzuführen, statistisch auszuwerten und diesbezügliche Wahrscheinlichkeitsaussagen zu interpretieren, um das Verständnis für die Wahrscheinlichkeitsrechnung und mathematische Statistik zu fördern.

Der 4. Abschnitt enthält Aufgaben, bei denen die Voraussetzungen nicht so exakt angeben sind, wie das im Band 17 und im übrigen Teil der Aufgabensammlung praktiziert wurde. Damit können die Studierenden an praktische Gegebenheiten herangeführt werden, bei denen das stochastische Modell erst erarbeitet werden muß. Auch diese Aufgaben bewegen sich im o. g. Rahmen des Bandes 17.

In dieser Aufgabensammlung sind auch Aufgaben enthalten, die von unseren Kollegen am Wissenschaftsbereich „Wahrscheinlichkeitstheorie und Mathematische Statistik" der Sektion Mathematik der Technischen Universität Dresden erarbeitet und seit einer Reihe von Jahren erprobt wurden. Wir sind unseren Kollegen für diese Arbeit zu Dank verpflichtet.

Unser Dank gilt weiterhin Herrn Oberlehrer H. Hackel (Hochschulfernstudium/TH Magdeburg), Frau Dr. R. Storm, Herrn Dr. G. Kayser und Herrn Fachschuldozent Dipl.-Gwl. M. Görne (alle TU Dresden) für kritische Hinweise und die Mitteilung von Erfahrungen bei der Arbeit mit diesen Aufgaben. Herr Dipl.-Gwl. Görne hat dankenswerterweise darüber hinaus das gesamte Manuskript durchgesehen.

Abschließend sei festgestellt, daß wir auch weiterhin für Hinweise zur Arbeit mit dieser Aufgabensammlung dankbar sind.

Dresden, Januar 1986

H. Gillert
V. Nollau

Inhalt

1.   Zufällige Ereignisse und Wahrscheinlichkeiten

1.1. Ein Arbeiter fertigt n Einzelteile. Das zufällige Ereignis „Das i-te Einzelteil ist Ausschuß" werde mit A_i bezeichnet ($i = 1, \ldots, n$). Man beschreibe die folgenden Ereignisse durch A_i und die üblichen Operationen mit zufälligen Ereignissen:

B – Mindestens ein Einzelteil ist Ausschuß.

C – Unter den n Teilen befindet sich kein Ausschuß.

D – Genau ein Einzelteil ist Ausschuß.

E – Höchstens ein Einzelteil ist Ausschuß.

1.2. In einem elektrischen Stromkreis befinden sich verschiedene Bauelemente (vgl. Bild). Man beschreibe mit Hilfe der Ereignisse $\bar{B}_i$ … „Element B_i fällt aus" ($i = 1, \ldots, 4$) das Ereignis A … „Unterbrechung des Stromkreises".

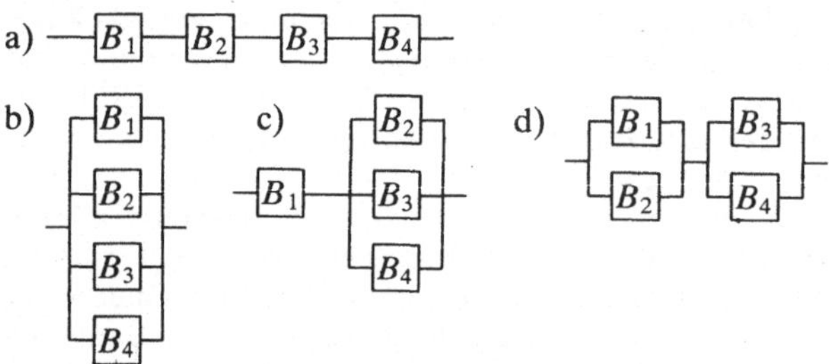

1.3. Eine Schießscheibe bestehe aus zehn konzentrisch angeordneten Kreisen mit den Radien $r_1 > r_2 > r_3 > \ldots > r_{10}$. Es werden zwanzig Schüsse auf diese Scheibe abgegeben. T_{ij} bezeichne das Ereignis, daß der i-te Schuß ($i = 1, \ldots, 20$) in den Kreis mit dem Radius r_j ($j = 1, \ldots, 10$) trifft.

Man beschreibe die folgenden Ereignisse:

A – Alle Treffer liegen im Kreis mit dem Radius r_{10}.

B – Alle Treffer liegen im Kreis mit dem Radius r_1.

C – Genau ein Treffer liegt im Kreis mit dem Radius r_{10}.

D – Mindestens zwei Treffer liegen im Kreis mit dem Radius r_2, aber nicht im Kreis mit dem Radius r_3.

1.4. Unter den Teilnehmern einer Vorlesung wird eine Person zufällig ausgewählt. Mit A werde das Ereignis bezeichnet, daß die ausgewählte Person männlichen Geschlechts ist, mit B das Ereignis, daß diese Person nicht raucht, und mit C das Ereignis, daß sie im Internat wohnt.

a) Man beschreibe das Ereignis $A \cap (\overline{B \cap C})$.

b) Was drückt die Gleichung $A \cap B \cap C = A$ aus?

c) Was drückt die Beziehung $\bar{C} \subset B$ aus?

d) Was drückt die Beziehung $\bar{A} = B$ aus? Gilt $\bar{A} = B$, wenn alle männlichen Personen rauchen?

1.5. Eine Seminargruppe mit 15 Studenten und 9 Studentinnen verabredet sich zu einer Wanderung. M_i (W_j) bezeichne das Ereignis, daß i Studenten (j Studentinnen) daran teilnehmen. Man beschreibe damit die Ereignisse:

a) Bis auf 3 Studentinnen nimmt die gesamte Seminargruppe teil.

b) Es fehlen 2 Studenten und 1 Studentin.
c) Es fehlen höchstens 2 Studenten und genau 1 Studentin.
d) Es sind 22 Seminargruppenmitglieder anwesend.

Man beschreibe mit Worten die Ereignisse:

$$\text{e)} \ \bigcup_{i=1}^{9} (M_{i+1} \cap W_i), \qquad \text{f)} \ \bigcup_{i=0}^{5} (M_i \cap W_i).$$

1.6. In einer Poliklinik wurden an einem Tage folgende Anzahlen von Patienten in den einzelnen Abteilungen registriert:

	C	A	S	U	H	L
W	3	12	5	6	3	0
M	9	11	10	3	4	24

(W – weiblicher Patient, M – männlicher Patient, C – Chirurgie, A – allgemeine Abteilung, S – stomatologische Abteilung, U – Urologie, H – HNO-Abteilung, L – Labor)
Es bezeichne $\tilde{W}$ bzw. $\tilde{M}$ bzw. $\tilde{C}$ ... die Ereignisse „Patient ist weiblich" bzw. „Patient ist männlich" bzw. „Patient wird in der Chirurgie behandelt", ...
Man bestimme

a) die relativen Häufigkeiten der Ereignisse $\tilde{W}, \tilde{M}, \tilde{C}, \tilde{A}, \tilde{S}, \tilde{U}, \tilde{H}$ und $\tilde{L}$,
b) die bedingten relativen Häufigkeiten von $\tilde{C}, \tilde{A}, \tilde{S}, \tilde{U}, \tilde{H}$ und $\tilde{L}$, falls es sich um einen weiblichen Patienten handelt,
c) die bedingten relativen Häufigkeiten von $\tilde{W}$, wenn die Abteilung C bzw. A bzw. S bzw. U bzw. H bzw. L aufgesucht wurde,
d) die relativen Häufigkeiten von $\tilde{U} \cap \tilde{W}, \tilde{S} \cap \tilde{M}, \overline{\tilde{S}} \cap \tilde{W}$.

Von den weiblichen Patienten waren 7, von den männlichen Patienten 15 erstmalig in dieser Poliklinik zur Behandlung. Man ermittle – falls möglich – die bedingten relativen Häufigkeiten, daß

e) ein Patient von S erstmalig kommt,
f) ein weiblicher Patient erstmalig kommt,
g) ein erstmalig kommender Patient männlich ist.

1.7. In einer Reparaturwerkstatt stehen 10 defekte Fernsehgeräte, davon 3 vom Typ A, 3 vom Typ B und 4 vom Typ C. Man berechne die Wahrscheinlichkeit, daß bei zufälliger Auswahl
a) zunächst ein Gerät vom Typ A,
b) zunächst alle Geräte vom Typ B,
c) als letztes ein Gerät vom Typ C

repariert wird.
Wie groß ist die Wahrscheinlichkeit, daß bei zufälliger Auswahl

d) die Reihenfolge $CABCABCABC$,
e) die Reihenfolge $BBBAAACCCC$

auftritt?
Man ermittle die Wahrscheinlichkeit, daß bei zufälliger Auswahl

f) das zuerst angelieferte Gerät als letztes,
g) die beiden zuerst angelieferten Geräte als erste repariert werden (in beliebiger Reihenfolge).

1.8. Die Zeichen des Morse-Alphabetes sind aus zwei verschiedenen Elementen, Punkt und Strich, zusammengesetzt. Wieviel Zeichen lassen sich aus diesen Elementen bilden, wenn zur Bildung eines Zeichens

a) genau fünf Elemente,
b) nicht mehr als fünf Elemente verwendet werden sollen?
c) Es soll ein Zeichen mit höchstens 5 Elementen gesendet werden. Unter der Annahme, daß dabei jedes der möglichen Zeichen mit gleicher Wahrscheinlichkeit erscheinen kann, berechne man die Wahrscheinlichkeit dafür, daß ein fünfelementiges Zeichen gesendet wird.

1.9. Für ein Würfelexperiment gelte die folgende Verteilungstabelle:

Augenzahl	1	2	3	4	5	6
Einzelwahrscheinlichkeit	1/5	1/6	2/15	2/15	1/6	p_6

Wie groß ist die Wahrscheinlichkeit dafür,

a) eine Augenzahl größer als 4 zu würfeln,
b) keine gerade Augenzahl zu würfeln,
c) eine Augenzahl zu würfeln, deren Quadrat kleiner als 20 und nicht durch 3 teilbar ist,
d) eine Augenzahl i zu erhalten, für die $|i - 5| \leqq 3$ ist,
e) bei zweimaligem unabhängigem Würfeln die Augenzahlen 1 und 6 zu erhalten?

1.10. Auf eine Wand war vor dem Verputzen ein Drahtgeflecht aus 2 mm starkem Draht aufgebracht worden, das Rechtecke mit den Seitenlängen a = 12 mm und b = 18 mm (gemessen von Drahtmitte bis Drahtmitte) bildet. In die verputzte Wand wird mit einem 6-mm-Bohrer ein Loch gebohrt. Wie groß ist die Wahrscheinlichkeit, daß der Bohrer auf das Drahtgeflecht trifft?

1.11. Eine Strecke der Länge L wird durch zwei zufällig gewählte Teilpunkte in drei Stücke zerlegt. Man berechne die Wahrscheinlichkeit dafür, daß aus den drei Teilstrecken ein Dreieck gebildet werden kann.

1.12. Beim einmaligen Würfeln mit einem Würfel werde mit A das zufällige Ereignis „Augenzahl gleich 5", mit B das zufällige Ereignis „Augenzahl gerade" und mit C das zufällige Ereignis „Augenzahl größer als 2" bezeichnet.
Man beschreibe die Ereignisse

a) $A \cup B$,   b) $A \cap B$,   c) $B \cup C$,   d) $B \cap C$,
e) $\bar{B} \cup C$,   f) $\bar{B} \cap C$,   g) $\bar{A} \cap B \cap \bar{C}$,   h) $A \cup \bar{B} \cup C$.

i) Man ermittle die Wahrscheinlichkeiten der Ereignisse A, B und C sowie der unter a) bis h) genannten Ereignisse, falls es sich um einen idealen Würfel („Augenzahlen gleichwahrscheinlich") handelt.

1.13. Wie groß ist die Wahrscheinlichkeit dafür, daß es in einer Familie mit 4 Kindern

a) 2 Jungen und 2 Mädchen,
b) 3 Jungen und 1 Mädchen,
c) nur Jungen

gibt, wenn man annimmt, daß Jungen- und Mädchengeburten unabhängig und gleichwahrscheinlich sind?

d) Welche Werte nehmen die unter a), b), c) ermittelten Wahrscheinlichkeiten an, wenn man die aus langjährigen Beobachtungen ermittelten Werte $p_J = 0{,}51$ bzw. $p_M = 0{,}49$ (Wahrscheinlichkeit einer Jungen- bzw. Mädchengeburt) verwendet?

1.14. Ein Student verschickt Neujahrskarten an drei Kommilitonen und an seinen Bruder. Er hat vier Briefmarken mit einem Blumenmotiv und zwei mit Tiermotiven sowie drei Postkarten mit Landschaften und drei mit Stadtansichten. Die Auswahl der Karten und der Briefmarken erfolgt zufällig und unabhängig voneinander. Man ermittle die Wahrscheinlichkeiten folgender zufälliger Ereignisse:
Der Bruder erhält

a) eine Karte mit einer Stadtansicht,
b) eine Karte, die mit einer Briefmarke mit Tiermotiv frankiert ist,
c) eine Karte mit einer Stadtansicht, die mit einer Briefmarke mit einem Blumenmotiv frankiert ist.

Wie groß ist die Wahrscheinlichkeit, daß die Kommilitonen nur Karten mit

d) Stadtansichten,
e) Briefmarken mit Blumenmotiven,
f) Stadtansichten und Briefmarken mit Blumenmotiven,
g) Briefmarken mit Tiermotiven

erhalten?

1.15. In einer Schale befinden sich 15 rote, 9 weiße und 6 grüne Kugeln. Daraus werden 6 dieser Kugeln zufällig entnommen. Mit welchen Wahrscheinlichkeiten sind diese 6 Kugeln

a) rot,
b) weiß,
c) grün?

Wie groß ist die Wahrscheinlichkeit, daß von den 6 entnommenen Kugeln

d) 3 rot, 2 weiß und 1 grün,
e) 4 weiß und 2 grün

sind?

1.16. Die Ereignisse A, B, C, D, E eines Ereignisfeldes haben die Wahrscheinlichkeit
$$\frac{1}{3}, \frac{1}{4}, \frac{1}{5}, \frac{1}{6}, \frac{1}{7}.$$
Sind diese Ereignisse unvereinbar?

1.17. a) Aus wieviel Ereignissen besteht das kleinste Ereignisfeld, das die atomaren Ereignisse A, B und C enthält?
b) Welche Ereignisse sind das?
c) Lassen sich die Wahrscheinlichkeiten aller unter b) ermittelten Ereignisse bestimmen, falls
    α) $P(A)$, $P(B)$,
    β) $P(A)$, $P(\bar{A})$,
    γ) $P(A \cup B)$, $P(A)$
    bekannt sind?
d) Bilden für das in a) definierte Ereignisfeld die Ereignisse
    δ) $A \cap B$, $\bar{A} \cap \bar{B}$, $A \cap \bar{B}$, $\bar{A} \cap B$,

ε) $A, B \cap \bar{A}, A \cap \bar{B}, B$

ein vollständiges System von Ereignissen?

1.18. Ein Student behauptet, er überlasse seine Samstagabendbeschäftigung dem Zufall. Für ihn sei die Wahrscheinlichkeit, daß er

– eine Diskothek besuche, gleich $\dfrac{1}{2}$,

– ins Kino gehe, gleich $\dfrac{1}{3}$,

– zu Hause bleibe und lese, gleich $\dfrac{1}{4}$.

Was halten Sie von dieser Behauptung?

1.19. Von einem Würfel ist nur bekannt, daß die Ereignisse „gerade Augenzahl" und „ungerade Augenzahl" gleichwahrscheinlich sind. Was läßt sich daraus über die Wahrscheinlichkeit, eine „5" zu würfeln, aussagen?

1.20. Beim Werfen von zwei Würfeln wird das durch die Ereignisse $A_i, \dots$ „beide Augenzahlen sind gleich i" ($i = 1, \dots, 6$) gebildete kleinste Ereignisfeld betrachtet. (Welche Ereignisse gehören dazu?) Es seien die Wahrscheinlichkeiten $P(A_i) = p_i$ ($i = 1, \dots, 6$) bekannt.
Wie groß ist die Wahrscheinlichkeit

a) die Augensumme 2 zu erhalten,
b) 2 verschiedene Augenzahlen zu würfeln,
c) die Augenzahlen 3 und 4 zu erhalten?

1.21. A und B seien zufällige Ereignisse. Mit Hilfe von $p = P(A)$, $q = P(B)$ und $r = P(A \cup B)$ ermittle man

a) $P(A \cap B)$,   b) $P(A \cap \bar{B})$,   c) $P(\bar{A} \cap B)$,   d) $P(\bar{A} \cap \bar{B})$,

e) $P(A \cup \bar{B})$,   f) $P(\bar{A} \cup B)$,   g) $P(A \backslash B)$,   h) $P(B \backslash A)$.

i) Für $p = 0{,}5$, $q = 0{,}2$ und $r = 0{,}6$ berechne man die unter a) bis h) genannten Wahrscheinlichkeiten.
k) Sind A und B unabhängig?

1.22. Für zwei Ereignisse A und B, wobei $P(B) > 0$ ist, gilt die Ungleichung

$$1 - \frac{P(\bar{A})}{P(B)} \leqq P(A \mid B) \leqq \frac{P(A)}{P(B)}.$$

a) Man überlege sich, wie diese Ungleichung aus der Definition der bedingten Wahrscheinlichkeit erhalten werden kann.
   Es sei $P(B) = 0{,}9$; man gebe Schranken für $P(A \mid B)$ an, wenn
b) $P(A) = 0{,}75$,
c) $P(A) = 0{,}85$ ist.

1.23. Das gleichzeitige Eintreten der Ereignisse A und B ziehe das Ereignis C nach sich. Man zeige, daß dann für die Wahrscheinlichkeit $P(C)$ die Abschätzung

$$P(C) \geqq P(A) + P(B) - 1$$

gilt. Man gebe Abschätzungen für $P(C)$ an, wenn

a) $P(A) = 0{,}8$, $P(B) = 0{,}9$,

b) $P(A) = P(B) = 0{,}95$.

Welche Abschätzung für $P(C)$ erhält man, wenn A und B unabhängig sind,

c) allgemein,
d) im Falle a),
e) im Falle b)?

1.24. Mit einem Würfel, dessen Augenzahlen gleichwahrscheinlich sind, wird zweimal unabhängig gewürfelt. Es werden folgende Ereignisse betrachtet:

A – Die Augenzahl beim ersten Wurf ist ungerade.
B – Die Augenzahl beim zweiten Wurf ist gerade.
C – Die gewürfelten Augenzahlen sind beide gerade oder beide ungerade.

a) Man gebe das kleinste Ereignisfeld $\mathfrak{E}$ an, das A, B und C enthält.
b) Man stelle A, B und C mit Hilfe der atomaren Ereignisse von $\mathfrak{E}$ dar.
c) Bilden die Ereignisse $A \cap B$, $A \cap C$, $B \cap C$ ein vollständiges System von Ereignissen?
d) Man prüfe, ob die Ereignisse C und D ein vollständiges System von Ereignissen bilden, wenn D bedeutet, daß die Augenzahlen nicht beide gerade und nicht beide ungerade sind.
e) Man untersuche die paarweise und vollständige Unabhängigkeit der Ereignisse

   α) A, B, C, β) A, B, D.

1.25. α) Man ermittle für die in Aufg. 1.2 gegebenen elektrischen Stromkreise a) bis d) die Wahrscheinlichkeiten für eine Unterbrechung, d. h. $P(A)$, wenn bei gegebenen Ausfallwahrscheinlichkeiten $p_i = P(B_i)$ $(i = 1, \ldots, 4)$ der Ausfall der Bauelemente unabhängig voneinander erfolgt. Darüber hinaus bestimme man $P(A)$ speziell in den Fällen

   β) $p_i = p$ $(i = 1, 2, 3, 4)$,
   γ) $p_i = p$ $(i = 1, 2, 3)$ und $p_4 = p^2$,
   δ) $p_i = 0{,}1$ $(i = 1, 2, 3, 4)$,
   ε) $p_i = 0{,}1$ $(i = 1, 2, 3)$ und $p_4 = 0{,}01$.

1.26. Ein Arbeiter überwacht 3 Aggregate, die unabhängig voneinander arbeiten. Die Wahrscheinlichkeit, daß ein Aggregat während einer Stunde einer Überprüfung bedarf, sei für die 3 Aggregate gleich 0,9 bzw. 0,8 bzw. 0,85. Wie groß ist die Wahrscheinlichkeit dafür, daß im Laufe einer Stunde

a) keine einzige Überprüfung erforderlich ist,
b) wenigstens eines der drei Aggregate keiner Überprüfung bedarf?

1.27. Zwei Spieler würfeln unabhängig voneinander mit je einem Würfel, dessen Augenzahlen alle gleichwahrscheinlich sind. Das Spiel besteht darin, daß ausschließlich anhand der selbst gewürfelten Augenzahlen zu erraten ist, wer die größere Augenzahl gewürfelt hat. Das Spiel wird nachträglich annulliert, falls beide Augenzahlen gleich sind. Raten beide Spieler richtig bzw. falsch, so ist das Spiel unentschieden; im anderen Fall gewinnt derjenige, der richtig geraten hat.

a) Wie groß ist die Wahrscheinlichkeit, daß ein Spieler richtig rät, wenn er bei den Zahlen 1 und 2 auf den anderen und bei den Zahlen 3 bis 6 auf sich tippt?
b) Gibt es eine bessere Strategie des Ratens?
c) Wie groß ist die Gewinnwahrscheinlichkeit eines Spielers, wenn jeder bei 1, 2, 3 auf den anderen und bei 4, 5, 6 auf sich tippt?

1.28. Zwei Schützen schießen unabhängig voneinander auf eine Schießscheibe. Die Wahrscheinlichkeit, eine „10" zu schießen, ist 0,9 bzw. 0,8. Wie groß ist die Wahrscheinlichkeit, daß

a) genau eine „10" geschossen wird,
b) wenigstens eine „10" geschossen wird,
c) beide Schützen eine „10" schießen,
d) keine „10" geschossen wird,
e) zweimal die „9" geschossen wird?
f) Wie oft muß
   α) der erste Schütze,
   β) der zweite Schütze

   schießen, damit von ihm mindestens mit der Wahrscheinlichkeit $p = 0,99$ eine „10" geschossen wird?

1.29. Mit einem Würfel, bei dem die Augenzahl „3" die Wahrscheinlichkeit $q\,(0 < q < 1)$ besitzt, werden n unabhängige Würfe ausgeführt. Wie groß ist die Wahrscheinlichkeit dafür, daß dabei

a) keine „3" auftritt,
b) mindestens eine „3" auftritt,
c) jedesmal eine „3" auftritt?

Man untersuche das Verhalten dieser Wahrscheinlichkeiten für $n \to \infty$.

1.30. Für einen Sportschützen ist bekannt, daß er bei einem Schuß folgende Ergebnisse erreicht:

Ringezahl	10	9	8	7	6	5
Wahrscheinlichkeit	0,21	0,24	0,18	0,16	0,12	0,09

Mit welcher Wahrscheinlichkeit schießt er bei einem Schuß

a) mehr als 7 Ringe,
b) weniger als 5 Ringe,
c) mehr als 5 und weniger als 9 Ringe?
d) Mit welcher Wahrscheinlichkeit schießt er bei drei unabhängigen Versuchen
   α) wenigstens 2mal 10 Ringe,
   β) genau 15 Ringe,
   γ) 8, 9, 10 Ringe in dieser Reihenfolge,
   δ) 8, 9, 10 Ringe in irgendeiner Reihenfolge,
   ε) mindestens 29 Ringe?
e) Mit welcher Anzahl n_1 bzw. n_2 von Schüssen schießt er mindestens mit der Wahrscheinlichkeit $p = 0,5$ wenigstens einmal mehr als 9 Ringe bzw. mehr als 8 Ringe?

1.31. Berechnen Sie die Wahrscheinlichkeiten der in Aufgabe 1.5 angegebenen Ereignisse a)–d), wenn die Teilnahmewahrscheinlichkeit 0,9 für die Studenten und 0,95 für die Studentinnen beträgt und die Teilnehmer unabhängig voneinander erscheinen.

1.32. Ein Rommé-Spiel besteht aus 104 Karten, wobei die 4 Farben Kreuz, Pique, Herz, Karo je zweimal vorhanden sind mit je 9 Zahlenkarten und 4 Bildkarten. Man bestimme die Wahrscheinlichkeit, daß eine zufällig gezogene Karte

a) eine Bildkarte ist,
b) eine Kreuzkarte ist,

c) eine Herz-Bildkarte ist,

d) eine Bildkarte ist, wenn es sich um eine Karokarte handelt.

Wie groß ist die Wahrscheinlichkeit, zuerst eine Kreuz-Zahlenkarte, dann eine Herz-Zahlenkarte und schließlich eine Kreuz-Bildkarte zu ziehen, wenn die gezogene Karte

e) vor jedem weiteren Ziehen wieder untergemischt wird,

f) nicht untergemischt wird?

1.33. Ein Skatspiel wird entsprechend den Regeln gemischt und ausgeteilt (d.h., 3 Spieler bekommen je 10 Karten, 2 Karten liegen im Skat). Man berechne die Wahrscheinlichkeiten dafür, daß

a) die erste verteilte Karte ein Unter ist,

b) die ersten beiden verteilten Karten Unter sind,

c) Eichel- und Grün-Unter im Skat liegen,

d) ein Spieler alle Unter und alle Asse erhält,

e) der erste Spieler alle Unter und alle Asse erhält,

f) der Eichel-Unter im Skat liegt, wenn genau ein Unter im Skat liegt und der zweite Spieler Schell-Unter erhielt,

g) Eichel-As im Skat liegt, wenn im Skat nur Eichel-Karten liegen.

1.34. Ein Student sucht ein Buch, das mit Wahrscheinlichkeit p im Schreibtisch und mit Wahrscheinlichkeit $1 - p$ im Bücherschrank liegt, wobei für die 10 Regale im Schrank jeweils gleiche Wahrscheinlichkeit vorliegt. Nachdem der Student in 8 Regalen nachgesehen hat, will er die Suche dort fortsetzen, wo die Wahrscheinlichkeit für das Auffinden des Buches am größten ist.

a) Wo muß er suchen?

b) Wie lautet die Antwort, wenn er bereits nach dem 6. Regal diese Entscheidung treffen will?

1.35. In allen Räumen I, II, III, IV eines Studentenklubs findet eine Diskothek statt. Eine Studentin sucht dort einen bestimmten Studenten. Sie weiß: die Wahrscheinlichkeit, daß der Student die Diskothek besucht, ist gleich p; die Wahrscheinlichkeit, daß er sich dann in einem bestimmten Raum aufhält, beträgt 1/4.

a) Wie groß ist die Wahrscheinlichkeit, daß die Studentin den Studenten im Raum III trifft?

b) Wie groß ist die Wahrscheinlichkeit, daß sie ihn im Raum IV antrifft, wenn sie ihn in den Räumen I–III nicht gefunden hat?

1.36. Bei der Produktion im Werk C werden Teile verwendet, die von den Werken A und B mit den Anteilen 36 % und 64 % geliefert werden. Die Wahrscheinlichkeit, daß ein Teil vom Betrieb A geliefert wurde und qualitätsgerecht ist, sei gleich 0,32.

a) Wie groß ist die Wahrscheinlichkeit, daß ein vom Werk A geliefertes Teil qualitätsgerecht ist?

b) Die Wahrscheinlichkeit, daß ein im Werk C zu verarbeitendes Teil qualitätsgerecht ist, soll mindestens 0,92 betragen. Wie groß muß dazu die Wahrscheinlichkeit sein, daß ein im Werk B gefertigtes Teil qualitätsgerecht ist?

1.37. In einer Lieferung von Kartons mit je 10 Glasschüsseln befinden sich mit einer Wahrscheinlichkeit p in einem Karton genau 10 Schüsseln der Güteklasse 1 und mit einer Wahrscheinlichkeit $1 - p$ genau 9 Schüsseln der Güteklasse 1 und eine Schüssel der Güteklasse 2.

Wie groß ist die Wahrscheinlichkeit, daß ein Karton keine Schüssel der Güteklasse 2 enthält, wenn bei zufälliger Auswahl

a) eine daraus entnommene Schüssel Güteklasse 1 besitzt,
b) unter fünf daraus entnommenen Schüsseln keine der Güteklasse 2 ist?

1.38. Die auf zwei Maschinen produzierten Normteile werden in einem Behälter zwischengelagert und danach kontrolliert; die Anteile von den Maschinen betragen 40 % bzw. 60 %. Wie groß ist die Wahrscheinlichkeit, daß bei der zufälligen Entnahme von 2 Teilen wenigstens eins von der zweiten Maschine stammt, wenn sich im Behälter

a) 20 Teile,
b) 50 Teile,
c) 120 Teile,
d) 1 000 Teile

befinden?

1.39. In einer Verkaufsstelle wurden 2 000 Glühlampen angeliefert, davon 560 vom Werk A, 1 280 vom Werk B, der Rest vom Werk C. Darunter befinden sich 6 bzw. 9 bzw. 2 defekte Glühlampen. Beim Verkauf wird jede Glühlampe geprüft.

a) Wie groß ist die Wahrscheinlichkeit, daß eine Glühlampe in Ordnung ist?
b) Wie groß sind die Wahrscheinlichkeiten, daß eine defekte Glühlampe vom Werk A bzw. Werk B bzw. Werk C stammt?
c) Beim Verkauf von 1 000 Glühlampen wurden 4 defekte aussortiert; wie groß ist die Wahrscheinlichkeit, daß eine Glühlampe aus den restlichen defekt ist?

1.40. Von drei Maschinen gleichen Typs werden von der ersten 20 %, von der zweiten 30 %, von der dritten 50 % der Gesamtproduktion hergestellt. Erfahrungsgemäß entstehen bei der ersten Maschine 5 %, bei der zweiten 4 % und bei der dritten 2 % Ausschuß.

a) Mit welcher Wahrscheinlichkeit ist ein zufällig der Gesamtproduktion entnommenes Teil Ausschuß?
b) Gesucht ist die Wahrscheinlichkeit dafür, daß ein zufällig gefundenes Ausschußteil von der ersten bzw. zweiten bzw. dritten Maschine hergestellt wurde.

1.41. Bei der Endkontrolle von produzierten Haushaltgeräten eines bestimmten Typs liegt folgende Situation vor: Die Wahrscheinlichkeit, daß ein fehlerfreies Gerät als solches erkannt wird, ist gleich 0,99; die Wahrscheinlichkeit, daß ein defektes Gerät als solches erkannt wird, ist gleich 0,9; die Wahrscheinlichkeit, daß ein produziertes Gerät defekt ist, beträgt 0,05.

a) Wie groß ist die Wahrscheinlichkeit, daß ein nach der Kontrolle als defekt bezeichnetes Gerät tatsächlich defekt ist?
b) Wie groß ist die Wahrscheinlichkeit, daß ein nach der Kontrolle als fehlerfrei bezeichnetes Gerät in Wirklichkeit defekt ist?
c) Mit welcher Wahrscheinlichkeit wird bei einer Kontrolle eine richtige Entscheidung getroffen?

1.42. In einer Kiste werden 100 gleichartige Teile angeliefert, wovon 65 aus dem Werk I stammen, unter denen sich 3 Ausschußteile befinden, 35 aus dem Werk II stammen, unter denen sich 2 Ausschußteile befinden. Man gebe die Wahrscheinlichkeit dafür an, daß ein zufällig gewähltes Teil

a) vom Werk I stammt,
b) ein Ausschußteil ist,
c) ein gutes Teil vom Werk II ist
d) ein gutes Teil ist, wenn es vom Werk II stammt,
e) ein gutes Teil vom Werk I ist, wenn vorher bereits ein derartiges Teil entnommen wurde.

1.43. Die Produktion einer Abteilung wird von zwei Kontrolleuren mit den Anteilen 30 % bzw. 70 % sortiert; dabei ist für den ersten Kontrolleur die Wahrscheinlichkeit, eine Fehlentscheidung zu treffen, gleich 0,03, für den zweiten 0,05. Es wird beim Versand ein fehlsortiertes Teil gefunden. Mit welcher Wahrscheinlichkeit wurde es

a) vom ersten,
b) vom zweiten Kontrolleur sortiert?

Für ein zufällig ausgewähltes Teil berechne man

c) die Wahrscheinlichkeit, daß es richtig einsortiert wurde.

1.44. Ein Student ist von der Wahrscheinlichkeitsrechnung so begeistert, daß er beschließt, seine Samstagabendbeschäftigung (Tanz oder Buch lesen oder Kinobesuch) jeweils am Vortage durch Würfeln festzulegen. Für einen „echten" Würfel legt er fest:
Tanz, falls die Augenzahl nicht größer als 4;
Buch lesen, falls die Augenzahl gleich 5;
Kino, falls die Augenzahl gleich 6 ist.
Um sich eine Vorstellung über das zu erwartende Ergebnis zu verschaffen, teilt er das Jahr in 13 Perioden zu je 4 Wochen ein und interessiert sich für die Wahrscheinlichkeiten folgender Ereignisse bez. einer solchen Periode:

a) wenigstens 1mal Buch lesen,
b) 2mal Kinobesuch,
c) 4mal Tanz,
d) kein Tanz,
e) alle drei Beschäftigungen treten wenigstens 1mal auf.

Man berechne diese Wahrscheinlichkeiten sowie

f) die zu erwartende Anzahl von Perioden eines Jahres, in denen er mindestens 3mal zum Tanz geht.

2. Zufallsgrößen und Wahrscheinlichkeitsverteilungen

2.1. Bei einem zufälligen Versuch, als dessen Ergebnis stets genau eines der zufälligen Ereignisse A_1, ..., A_5 eintritt, wird durch

$$„X = i, \text{ falls } A_i \text{ eintritt"} \quad (i = 1, ..., 5)$$

eine Zufallsgröße X definiert.

a) Mit Hilfe der Werte $p_1 = P(A_1)$, $p_2 = P(A_2)$, $p_3 = P(A_3)$ und $p_5 = P(A_5)$ bestimme man die Verteilungsfunktion F_X von X.

b) Für $p_1 = \dfrac{1}{3}$, $p_2 = \dfrac{1}{12}$, $p_3 = p_5 = \dfrac{1}{6}$ stelle man F_X grafisch dar.

2.2. Eine Zufallsgröße X besitze eine gleichmäßige diskrete Verteilung auf den Punkten $x_1 = 4,7$; $x_2 = 4,9$; $x_3 = 5,0$; $x_4 = 5,1$; $x_5 = 5,2$; $x_6 = 5,6$.

a) Man gebe die Verteilungsfunktion F_X von X grafisch an.
b) Man ermittle $E(X)$ und $E[(X - c)^2]$ für $c = 5$, $c = 5,1$ und $c = E(X)$.

2.3. Das Schießen auf ein Ziel wird bei einer Treffwahrscheinlichkeit $p = 0,8$ bis zum ersten Treffer, höchstens aber bis zum vierten Schuß, fortgesetzt.

Das Ergebnis beim i-ten Schuß $(i = 1, ..., 4)$ sei dabei unabhängig vom Ergebnis der vorangehenden Schüsse.

a) Mit welcher Wahrscheinlichkeit wird das Ziel getroffen?
b) Man bestimme die Verteilungsfunktion F_X der Anzahl X der abgegebenen Schüsse.
c) Man berechne $E(X)$ und $D^2(X)$.

2.4. Es sei F_X die Verteilungsfunktion einer Zufallsgröße X mit

$$F_X(x) = a + b \arctan x \; (-\infty < x < \infty).$$

a) Man bestimme die Konstanten a und b.
b) Wie lautet die Dichtefunktion von X?

2.5. Es sei f eine durch

$$f(x) = \begin{cases} \alpha x^2(1 - x), & 0 \leq x \leq 1, \\ 0, & -\infty < x < 0 \text{ und } 1 < x < \infty, \end{cases}$$

gegebene Funktion.

a) Man bestimme α so, daß f die Dichtefunktion einer stetigen Zufallsgröße X ist.
b) Man ermittle die Verteilungsfunktion F_X von X sowie $E(X)$ und $D^2(X)$.

c) Man berechne $P\left(X < \dfrac{1}{2}\right)$ und $P(X < E(X))$.

2.6. Man weise nach, daß die Funktionen f:

$$\text{a) } f(x) = \begin{cases} \dfrac{1}{2x^2}, & x \leq -1, \\ 0, & -1 < x \leq 1, \\ \dfrac{1}{2x^2}, & x > 1, \end{cases}$$

b) $f(x) = \begin{cases} 0, & x \leqq 1, \\ \dfrac{3}{x^4}, & x > 1, \end{cases}$

die Eigenschaften einer Dichtefunktion haben. Ermitteln Sie die zugehörigen Verteilungsfunktionen.

2.7. Gegeben seien die Verteilungsfunktionen von Zufallsgrößen X, Y, Z:

$\alpha)$ $F_X(x) = \begin{cases} 0, & -\infty < x \leqq -1, \\ 0{,}2, & -1 < x \leqq 0, \\ 0{,}7, & 0 < x \leqq 1, \\ 0{,}8, & 1 < x \leqq 2, \\ 1, & 2 < x < \infty, \end{cases}$

$\beta)$ $F_Y(x) = \begin{cases} 0, & -\infty < x \leqq 0, \\ \dfrac{1}{2} + \dfrac{1}{2}x, & 0 < x \leqq 1, \\ 1, & 1 < x < \infty, \end{cases}$

$\gamma)$ $F_Z(x) = \begin{cases} 0, & -\infty < x \leqq -1, \\ \dfrac{1}{2} + \dfrac{1}{2}x, & -1 < x \leqq 1, \\ 1, & 1 < x < \infty. \end{cases}$

a) Welche der Zufallsgrößen besitzt eine diskrete oder eine stetige Verteilung?
b) Man bestimme ggf. die Einzelwahrscheinlichkeiten und Wahrscheinlichkeitsdichten für $\alpha)$, $\beta)$, $\gamma)$.
c) Stellen Sie die Fälle $\alpha)$, $\beta)$, $\gamma)$ grafisch dar.

Man ermittle außerdem:

d) $P(X = 0)$, $P\left(\dfrac{1}{2} < X \leqq 2\right)$, $P(X > 1{,}5)$,

e) $E(X)$,
f) $E(Z)$,
g) $P(Y = 0)$, $P(Y > 0)$, $P(Y < 0)$,

h) $P\left(-\dfrac{1}{2} < Z \leqq \dfrac{1}{2}\right)$, $P(Z \leqq 2)$.

2.8. Gegeben sei eine Zufallsgröße X mit einer Wahrscheinlichkeitsdichte f_X der Form

$$f_X(x) = \begin{cases} 0, & x \leqq -1, \\ hx + h, & -1 < x \leqq 0, \\ \dfrac{h}{2}x + h, & 0 < x \leqq 2, \\ -2hx + 6h, & 2 < x \leqq 3, \\ 0, & x > 3. \end{cases}$$

a) Man bestimme h und skizziere anschließend $f_X(x)$.
b) Wie lautet die zugehörige Verteilungsfunktion F_X?

c) Man ermittle die Verteilungsfunktion F_Y und die Wahrscheinlichkeitsdichte f_Y von $Y = 2X + 1$.

2.9. Die Wahrscheinlichkeit, daß bei der Bedienung eines Webstuhles innerhalb von 10 Minuten ein Spulenwechsel vorzunehmen ist, betrage $p = \dfrac{1}{3}$. Wie groß ist die Wahrscheinlichkeit, daß bei der Bedienung von zwölf unabhängig voneinander arbeitenden Webstühlen innerhalb von 10 Minuten bei

a) genau vier Maschinen,
b) höchstens drei Maschinen,
c) allen Maschinen,
d) keiner Maschine,
e) mehr als zwei Maschinen

ein Spulenwechsel erforderlich ist?

2.10. Bei der Endkontrolle von Transistorgeräten werden diese unabhängig nacheinander geprüft. Bei einer ersten Prüfung, die 10 Sekunden in Anspruch nimmt, kann mit einer Wahrscheinlichkeit $p = \dfrac{1}{2}$ über die Funktionstüchtigkeit entschieden werden. Falls die erste Prüfung zu keiner Entscheidung führte, wird unmittelbar danach eine zweite unabhängige Prüfung, die gleichfalls 10 Sekunden dauert, vorgenommen und dabei endgültig über die Funktionstüchtigkeit entschieden.

Es bezeichne X die für die Prüfung von 950 Transistorgeräten erforderliche Zeit.

a) Man gebe die Wahrscheinlichkeitsverteilung von X an sowie $E(X)$ und $D^2(X)$.
   Mit Hilfe des zentralen Grenzwertsatzes ermittle man
b) die Wahrscheinlichkeit, daß zur Prüfung der 950 Transistorgeräte nicht mehr als 4 Stunden benötigt werden und
c) die Anzahl n zu prüfender Transistorgeräte, über deren Funktionstüchtigkeit mit einer Wahrscheinlichkeit $p' = 0{,}99$ innerhalb von 3 Stunden entschieden werden kann.

2.11. Es sei X eine binomialverteilte Zufallsgröße mit den Parametern $n = 10$ und $p = 0{,}3$. Man ermittle die Wahrscheinlichkeiten bzw. bedingten Wahrscheinlichkeiten

a) $P(X = 0)$,   b) $P(X > 0)$,
c) $P(X \geqq 9)$,   d) $P(X < 2)$,
e) $P(X = 3)$,   f) $P(X = 0 \mid X < 2)$,
g) $P(|X - 3| > 4)$, dabei vergleiche man den erhaltenen Wert mit der Abschätzung mittels der Tschebyscheffschen Ungleichung.

2.12. Es sei X eine mit den Parametern n und p binomialverteilte Zufallsgröße. Mittels des Grenzwertsatzes von Poisson ermittle man näherungsweise

a) für $n = 100$ und $p = 0{,}05$:
   $P(X = 5)$, $P(X = 50)$,
b) für $n = 50$ und $p = 0{,}02$:
   $P(X < 1)$, $P(X = 10)$, $P(X = 1)$,
c) für $n = 30$ und $p = 0{,}001$:
   $P(X = 0)$, $P(X = 1)$, $P(X > 1)$.

2.13. Es sei X eine hypergeometrisch verteilte Zufallsgröße mit

$N = 10$, $M = 3$, $n = 4$.

Man ermittle die Wahrscheinlichkeiten bzw. bedingten Wahrscheinlichkeiten

a) $P(X = 0)$,   b) $P(X = 1)$,

c) $P(X = 2)$,   d) $P(X > 2)$,

e) $P(X = 3)$,   f) $P(X = 3 \mid X \geqq 1)$.

2.14. In einem Posten von 50 Tablettenpackungen befinden sich 5 unvollständige Packungen. Wie groß ist die Wahrscheinlichkeit, daß ein Käufer, der

a) 20 dieser Packungen kauft, genau zwei unvollständige Packungen erhält,
b) 5 dieser Packungen kauft, genau eine unvollständige Packung erhält,
c) eine Packung kauft, eine vollständige Packung erhält?

2.15. Um zu erfahren, wieviel Fische in einem See sind, fängt und kennzeichnet man $M = 1\,000$ Fische und läßt sie in den See zurück. Einige Zeit später fängt man erneut $n = 150$ Fische und stellt fest, daß davon $m = 10$ Fische gekennzeichnet sind. Als Schätzung N^* für die Anzahl N der Fische im See wird die Anzahl gewählt, für die die Wahrscheinlichkeit dieses Ereignisses maximal ist. Man bestimme diese Anzahl.

2.16. Es sei X

a) eine poissonverteilte Zufallsgröße,
b) eine geometrisch verteilte Zufallsgröße, d. h. $P(X = k) = (1 - p)p^{k-1}$ ($k = 1, 2, \ldots$).

Man ermittle die zugehörigen erzeugenden Funktionen und damit die Erwartungswerte $E(X)$.

2.17. Es sei X eine poissonverteilte Zufallsgröße mit dem Parameter $\lambda = 4$. Man ermittle die Wahrscheinlichkeiten bzw. bedingten Wahrscheinlichkeiten

a) $P(X = 0)$, b) $P(X < 4)$, $P(X = 4)$, $P(X > 4)$, c) $P(X = 1)$, d) $P(X = 1 \mid X > 0)$,
c) $P(\mid X - E(X) \mid > 8)$ (mit einer Genauigkeit von vier Dezimalstellen).

2.18. An einem Sommerabend werden durchschnittlich sechs Sternschnuppen pro Stunde beobachtet. Dabei kann davon ausgegangen werden, daß die Anzahl X_t der in t Minuten beobachteten Sternschnuppen poissonverteilt ist mit dem Parameter $\lambda = t/\alpha$ ($\alpha > 0$).

a) Man bestimme α.
b) Wie groß ist die Wahrscheinlichkeit, daß während einer Viertelstunde mindestens zwei Sternschnuppen beobachtet werden?

2.19. Die Wahrscheinlichkeit, daß ein Brennelement in einem Kernreaktor den Bedingungen einer Qualitätsprüfung nicht genügt, beträgt 0,000 2.
Man ermittle die Wahrscheinlichkeit, daß

a) höchstens 2 von 5 000,
b) genau eins von 1 000,
c) keins von 100

dieser Brennelemente die Qualitätsbedingungen nicht erfüllen.

2.20. An einer Tankstelle kommen zwischen 16.00 und 18.00 Uhr durchschnittlich

2,5 Fahrzeuge pro Minute an. Man bestimme die Wahrscheinlichkeit, daß in einer Minute während dieser Zeit

a) kein Fahrzeug,
b) genau ein Fahrzeug,
c) genau zwei Fahrzeuge,
d) mehr als drei Fahrzeuge,
e) weniger als sechs Fahrzeuge

eintreffen.

Dabei gehe man davon aus, daß die Anzahl A der ankommenden Fahrzeuge poissonverteilt ist.

2.21. Die Zerfallszeit T für Polonium ist eine exponentialverteilte Zufallsgröße. Mittels der Halbwertszeit, die für dieses radioaktive Element 140 Tage beträgt, bestimme man

a) den Parameter λ der Exponentialverteilung,
b) die Zeitdauer t_0, so daß mit einer Wahrscheinlichkeit $p = 0,95$ ein Zerfall erfolgt.

Bemerkung: Unter der Halbwertszeit versteht man diejenige Zeit, in deren Verlauf die Wahrscheinlichkeit eines Zerfalls gleich $\frac{1}{2}$ ist.

2.22. Man ermittle für eine mit dem Parameter $\lambda = 2$ exponentialverteilte Zufallsgröße X die Wahrscheinlichkeiten bzw. bedingten Wahrscheinlichkeiten

a) $P(X < 2)$,   b) $P(X \geqq 4)$,

c) $P\left(X < \frac{1}{2}\right)$,   d) $P(X < 2 \,|\, X < 4)$,

e) $P(X \geqq 4 \,|\, X \geqq 3)$.

Außerdem ermittle man diejenigen Werte α, für die gilt:

f) $P(X < \alpha) = \frac{1}{2}$, g) $P(X \geqq \alpha + 1 \,|\, X \geqq 1) = \frac{1}{2}$.

2.23. Die Zufallsgröße X sei normalverteilt mit $\mu = 1$ und $\sigma^2 = 4$. Man ermittle

a) $P(X \geqq 1)$,   b) $P(X < 2)$,
c) $P(|X| > 4)$,   d) $P(0 \leqq X < 2)$,
e) $P(|X - 1| > 6)$,   f) $P(X^2 < 4)$,

und man bestimme die Konstanten α so, daß gilt

g) $P(X < \alpha) = 0,5$,   h) $P(X \geqq \alpha) = 0,0548$,   i) $P(|X - \mu| < \alpha) = 0,95$.

2.24. Für eine normalverteilte Zufallsgröße X mit der Varianz $D^2(X) = \sigma^2$ bestimme man $E(|X - E(X)|)$.

2.25. Der zufällige Fehler X eines Meßinstrumentes habe die Standardabweichung $\sqrt{D^2(X)} = 20$ (in µm) und den Erwartungswert $E(X) = 0$ (in µm).

a) Man bestimme (mittels des zentralen Grenzwertsatzes) näherungsweise die Wahrscheinlichkeit dafür, daß das arithmetische Mittel aus 25 unabhängigen Messungen von der wahren Länge des zu messenden Objektes (dem Betrage nach) um höchstens 3 µm abweicht.
b) Wie viele unabhängige Messungen müssen mindestens durchgeführt werden, damit

das arithmetische Mittel aller dieser Messungen von der wahren Länge des zu messenden Werkstückes mit mindestens 95 % Wahrscheinlichkeit um höchstens 5 µm abweicht?

2.26. Bei einer Lieferung von Kondensatoren sei deren Kapazität K normalverteilt mit dem Erwartungswert $m = 200$ (in µF) und der Varianz $\sigma^2 = 25$ (in µF^2).

Wie groß ist die Wahrscheinlichkeit, daß ein Kondensator fehlerbehaftet ist, wenn die Kapazität K der Kondensatoren

a) mindestens 198 µF betragen muß,

b) höchstens 202 µF betragen darf,

c) maximal um 5 µF vom Sollwert 200 µF abweichen darf?

d) Wie müssen die Toleranzgrenzen $200 - \alpha$ (in µF) und $200 + \alpha$ (in µF) gewählt werden, damit die Wahrscheinlichkeit für das Auftreten eines fehlerbehafteten Kondensators, d. h. $|K - 200| > \alpha$, kleiner als 0,001 ist?

2.27. Zwei Ohmsche Widerstände werden hintereinander geschaltet. Die Werte R_1 bzw. R_2 für diese Widerstände seien unabhängig und normalverteilt mit

$$\mu_1 = 500 \text{ (in } \Omega\text{)} \quad \text{und} \quad \sigma_1 = 10 \text{ (in } \Omega\text{)}$$

bzw.

$$\mu_2 = 200 \text{ (in } \Omega\text{)} \quad \text{und} \quad \sigma_2 = 4 \text{ (in } \Omega\text{)}.$$

In welchen Grenzen $700 - \bar{\mu}$ und $700 + \bar{\mu}$ liegt mit einer Wahrscheinlichkeit von 99 % der Gesamtwiderstand?

2.28. Bei der automatischen Abfüllung von 1/2-l-Milchflaschen wird das abgefüllte Flüssigkeitsvolumen F als normalverteilt mit den Parametern $\mu = 500$ (in cm^3) und $\sigma = 5$ (in cm^3) angenommen.

a) Wie groß ist die Wahrscheinlichkeit, daß eine 1/2-l-Milchflasche weniger als 490 cm^3 enthält?

b) Wie groß ist die Wahrscheinlichkeit, daß bei einer Abfüllung die eingefüllte Milch überläuft, wenn

α) das Volumen einer 1/2-l-Milchflasche 510 cm^3 beträgt,

β) das Volumen der Milchflasche unabhängig vom abgefüllten Flüssigkeitsvolumen normalverteilt mit den Parametern $\mu_F = 510$ (in cm^3) und $\sigma_F = 2$ (in cm^3) ist?

2.29. Eine Zufallsgröße Y heißt logarithmisch normalverteilt mit den Parametern μ und σ, wenn $X = \ln Y$ normalverteilt ist mit $E(X) = \mu$ und $D^2(X) = \sigma^2$ (μ – reell, $\sigma > 0$). Man ermittle

a) die Verteilungsfunktion F_Y von Y,

b) die Wahrscheinlichkeitsdichte f_Y von Y,

c) den Erwartungswert $E(Y)$,

d) die Varianz $D^2(Y)$.

2.30. Man berechne die Schiefe und den Exzeß einer Zufallsgröße X mit der Wahrscheinlichkeitsdichte

a) $f_X(x) = \begin{cases} \lambda^2 x e^{-\lambda x}, & x > 0, \\ 0, & x \le 0, \end{cases} \quad (\lambda > 0)$

(Gammaverteilung mit den Parametern $b = \lambda$ und $p = 2$),

b) $f_X(x) = \begin{cases} \lambda e^{-\lambda x}, & x > 0, \\ 0, & x \leqq 0. \end{cases}$ $(\lambda > 0)$

2.31. Durch

$$F_X(x) = \begin{cases} 1 - e^{-bx^p}, & x > 0, \\ 0, & x \leqq 0 \end{cases}$$

$(b > 0, p > 0)$ ist die Wahrscheinlichkeitsverteilung einer weibullverteilten Zufallsgröße X gegeben. Man ermittle

a) die Wahrscheinlichkeitsdichte f_X,
b) den Median der Zufallsgröße X.
c) Für welchen Wert x (Modalwert) nimmt die Wahrscheinlichkeitsdichte f_X im Falle $p > 1$ ihr Maximum an?

2.32. Eine Zufallsgröße X sei

a) gleichmäßig stetig verteilt auf $[-1, 1]$,
b) exponentialverteilt mit dem Parameter λ $(\lambda > 0)$,
c) normalverteilt mit den Parametern μ, σ.

Man bestimme die Verteilungsfunktion F_Y der Zufallsgröße $Y = a + bX$ (a, b − reelle Zahlen mit $b \neq 0$).

2.33. Die Zufallsgröße X sei gleichmäßig stetig auf $[1, e]$ verteilt.
Man ermittle für $Y = \dfrac{1}{X}$

a) die Verteilungsfunktion F_Y von Y,
b) die Wahrscheinlichkeitsdichte f_Y von Y,
c) $E(Y)$ und $D^2(Y)$.

2.34. Die Zufallsgröße X sei exponentialverteilt mit dem Parameter λ $(\lambda > 0)$. Man bestimme für a)−c) den Erwartungswert $E(Y)$ und für a), b) die Varianz $D^2(Y)$ der Zufallsgröße Y:

a) $Y = e^{-X}$,
b) $Y = 2X$,
c) $Y = \max\left(X, \dfrac{1}{\lambda}\right)$.

2.35. Für eine Zufallsgröße X, die einer Exponentialverteilung mit dem Parameter λ unterliegt, bestimme man für $t, \tau > 0$ die bedingte Wahrscheinlichkeit

$$P(X < t + \tau \,|\, X > t).$$

Man interpretiere das Ergebnis.

2.36. Die Lebensdauer T eines elektronischen Bauelements sei exponentialverteilt mit der Wahrscheinlichkeitsdichte f_T:

$$f_T(t) = \begin{cases} 0, & t \leqq 0, \\ \lambda e^{-\lambda t}, & t > 0. \end{cases}$$ $(\lambda > 0)$

a) Man ermittle die Wahrscheinlichkeit, daß das Bauelement mindestens bis $t = \lambda^{-1}$, $t = 2\lambda^{-1}$ bzw. $t = 3\lambda^{-1}$ funktionstüchtig ist.

b) Wie groß ist die Wahrscheinlichkeit, daß das Bauelement mindestens bis $t = k\lambda^{-1}$ ($k = 1, 2, \ldots$) funktionstüchtig ist, wenn dies bis zum Zeitpunkt $t = (k-1)\lambda^{-1}$ der Fall war?

2.37. Die Lebensdauer eines elektronischen Bauelements sei eine Zufallsgröße X mit der Verteilungsfunktion F_X:

$$F_X(t) = \begin{cases} 1 - e^{-0,1t} - 0,1te^{-0,1t}, & t > 0, \\ 0, & t \leq 0. \end{cases}$$

a) Wie lautet die Dichtefunktion f_X?

b) Wie groß ist die Wahrscheinlichkeit, daß dieses Bauelement zwischen den Zeitpunkten

$$t_1 = 10 \quad \text{und} \quad t_2 = 20 \quad \text{ausfällt?}$$

c) Man ermittle die mittlere Lebensdauer.

d) Man ermittle die Zuverlässigkeitsfunktion

$$R_X(t) = 1 - P(X < t).$$

e) Man stelle die Ausfallrate

$$\lambda(t) = \frac{f_X(t)}{1 - F_X(t)} \qquad (t \geq 0)$$

grafisch dar.

2.38. Es seien X_k ($k = 1, 2, 3$) unabhängige Zufallsgrößen mit $E(X_k) = k$ und $D^2(X_k) = k^2$. Man ermittle

a) $E(2X_1 + X_2 + 3X_3)$,

b) $E(X_1 - X_2 - X_3)$,

c) $D^2(X_1 + X_2 + X_3)$,

d) $D^2(X_1 - 2X_2 + 3X_3)$,

e) $E(2X_1^2 + 4X_2^2 + X_3)$.

2.39. Es sei X eine stetige Zufallsgröße mit $P(X \geq 0) = 1$.

a) Man zeige, daß

$$E(X) = \int_0^\infty (1 - F_X(x))\, dx$$

gilt, falls $E(X)$ existiert.

b) Mit Hilfe von a) ermittle man den Erwartungswert $E(X)$ einer Rayleigh-verteilten Zufallsgröße X.
Bemerkung: X heißt Rayleigh-verteilt, falls

$$F_X(x) = \begin{cases} 1 - e^{-\frac{x^2}{\lambda}}, & x > 0, \\ 0, & x \leq 0, \end{cases} \qquad (\lambda > 0)$$

gilt.

2.40. Die Zufallsgrößen X und Y nehmen die Werte 1, 2 und 3 an. Dabei seien die folgenden Wahrscheinlichkeiten bekannt:

$$P(X = 1) = 0{,}5, \quad P(X = 2) = 0{,}3,$$
$$P(Y = 1) = 0{,}7, \quad P(Y = 2) = 0{,}2,$$
$$P(X = 1, \, Y = 1) = 0{,}35, \quad P(X = 2, \, Y = 2) = 0{,}06 \quad \text{und}$$
$$P(X = 3, \, Y = 1) = 0{,}2.$$

a) Man stelle die Verteilungstabelle von $(X, \, Y)$ auf.
b) Sind X und Y unabhängig?
c) Man bestimme $E(X)$, $E(Y)$, $D^2(X)$, $D^2(Y)$.
d) Wie lauten die Einzelwahrscheinlichkeiten der Zufallsgrößen $Z_1 = X + 3Y$ und $Z_2 = X^2 - Y$?

2.41. In einer Urne befinden sich sechs weiße, zehn rote und vierzehn schwarze Kugeln. Aus dieser Urne wird zufällig eine dieser Kugeln entnommen. Für die Zufallsgrößen

$$X = \begin{cases} 1 & \text{„Entnahme einer weißen Kugel“,} \\ 0 & \text{„Entnahme einer roten oder schwarzen Kugel“;} \end{cases}$$

$$Y = \begin{cases} 1 & \text{„Entnahme einer schwarzen Kugel“,} \\ 0 & \text{„Entnahme einer weißen oder roten Kugel“;} \end{cases}$$

$$Z = \begin{cases} 1 & \text{„Entnahme einer roten Kugel“,} \\ 0 & \text{„Entnahme einer weißen oder schwarzen Kugel“} \end{cases}$$

bestimme man

a) die (gemeinsame) Wahrscheinlichkeitsverteilung von $(X, \, Y, \, Z)$,
b) die Erwartungswerte $E(X)$, $E(Y)$, $E(Z)$ und die Varianzen $D^2(X)$, $D^2(Y)$, $D^2(Z)$,
c) die Kovarianzmatrix $B(X, \, Y, \, Z)$,
d) die Korrelationskoeffizienten $\varrho(X, \, Y)$, $\varrho(X, \, Z)$, $\varrho(Y, \, Z)$.

2.42. Gegeben seien zwei unabhängige Zufallsgrößen X und Y. Man bestimme die Verteilungsfunktionen F_{Z_1} und F_{Z_2} der Zufallsgrößen $Z_1 = \max(X, \, Y)$ und $Z_2 = \min(X, \, Y)$.

2.43. Für n unabhängige identisch verteilte Zufallsgrößen X_1, X_2, ..., X_n mit der Verteilungsfunktion F ermittle man die Verteilungsfunktionen F_Y und F_Z der Zufallsgrößen

$$Y = \max(X_1, \, X_2, \, ..., \, X_n)$$

und

$$Z = \min(X_1, \, X_2, \, ..., \, X_n).$$

2.44. Es sei X eine diskrete Zufallsgröße mit

$$P(X = x_1) = p \quad \text{und} \quad P(X = x_2) = 1 - p$$

$(0 < p < 1$, x_1, x_2 reell und $x_1 < x_2)$. Weiter sei Y eine stetige Zufallsgröße, deren Wahrscheinlichkeitsverteilung unter der Bedingung „$X = x_i$“ $(i = 1, \, 2)$ eine Normalverteilung mit den Parametern x_i und σ ist, d. h.

$$P(Y < y \,|\, X = x_i) = \Phi(y; \, x_i, \, \sigma).$$

a) Man bestimme die Verteilungsfunktion $F_{(X, \, Y)}$ von $(X, \, Y)$.
b) Man gebe die Wahrscheinlichkeitsdichte f_Y von Y an.

2.45. Die Zufallsgrößen X_1 und X_2 seien unabhängig mit der folgenden Wahrscheinlichkeitsverteilung

$$P(X_1 = k) = P(X_2 = k) = \left(\frac{1}{2}\right)^{k+1} \quad (k = 0, \, 1, \, ...).$$

Man ermittle $p_k^{(n)} = P(X_1 = k \mid X_1 + X_2 = n)$ für $k = 0, 1, \ldots, n$. Um welche Wahrscheinlichkeitsverteilung handelt es sich bei der durch die Verteilungstabelle

x_k	0	1	...	n
p_k	$p_0^{(n)}$	$p_1^{(n)}$	...	$p_n^{(n)}$

gegebenen?

2.46. Die Zufallsgröße X sei gleichmäßig stetig auf $[0, 1]$ verteilt. Weiterhin sei eine Zufallsgröße Y für jeden Wert $t_1 \in (0, 1]$ unter der Bedingung $\{X = t_1\}$ gleichmäßig stetig auf $[0, t_1]$ verteilt, d. h.

$$P(Y < t_2 \mid X = t_1) = \begin{cases} 0, & t_2 \leqq 0, \\[2mm] \dfrac{t_2}{t_1}, & 0 < t_2 \leqq t_1, \\[2mm] 1, & t_2 > t_1 \end{cases}$$

$(t_1 \in (0, 1])$.
Man bestimme

a) die bedingte Dichtefunktion $f_Y(t_2 \mid t_1)$,
b) die Dichtefunktion $f_{(X, Y)}(t_1, t_2)$,
c) die bedingte Dichtefunktion $f_X(t_1 \mid t_2)$,
d) den bedingten Erwartungswert $E(X \mid Y = t_2)$ von X unter der Bedingung $\{Y = t_2\}$, $t_2 \in (0, 1]$,
e) den bedingten Erwartungswert $E(Y \mid X = t_1)$ von Y unter der Bedingung $\{X = t_1\}$, $t_1 \in (0, 1]$,
f) den Erwartungswert $E(Y)$,
g) die Randdichte $f_Y(t_2)$.

2.47. Gegeben sei die Funktion f:

$$f(t_1, t_2) = \frac{1}{2\pi} \left[\left(\sqrt{2}\, e^{-\frac{t_1^2}{2}} - e^{-t_1^2} \right) e^{-t_2^2} + \left(\sqrt{2}\, e^{-\frac{t_2^2}{2}} - e^{-t_2^2} \right) e^{-t_1^2} \right]$$
$$(-\infty < t_1, t_2 < \infty).$$

a) Ist f die Wahrscheinlichkeitsdichte einer zweidimensionalen Zufallsgröße?
b) Sind f_1, f_2 mit

$$f_1(t_1) = \int_{-\infty}^{\infty} f(t_1, t_2)\, dt_2 \qquad (-\infty < t_1 < \infty),$$

$$f_2(t_2) = \int_{-\infty}^{\infty} f(t_1, t_2)\, dt_1 \qquad (-\infty < t_2 < \infty)$$

Dichtefunktionen normalverteilter Zufallsgrößen X, Y? Sind ggf. diese Zufallsgrößen unkorreliert oder sogar unabhängig?
c) Ist f die Wahrscheinlichkeitsdichte einer zweidimensionalen normalverteilten Zufallsgröße?

2.48. Ist durch

$$f_{(X, Y)}(t_1, t_2) = \frac{\sqrt{5}}{4\pi}\, e^{-\frac{1}{2}(t_1^2 - \sqrt{3}\, t_1 t_2 + 2t_2^2)} \qquad (-\infty < t_1, t_2 < \infty)$$

die Wahrscheinlichkeitsdichte einer zweidimensionalen Zufallsgröße (X, Y) definiert?

a) Welche Wahrscheinlichkeitsverteilungen besitzen X, Y und (X, Y)?
b) Man ermittle $E(X)$, $E(Y)$, $D^2(X)$, $D^2(Y)$ und $\varrho(X, Y)$.
c) Man bestimme ein $\alpha > 0$, so daß die Zufallsgrößen

$$\tilde{X} = X\cos\alpha + Y\sin\alpha$$

und

$$\tilde{Y} = -X\sin\alpha + Y\cos a$$

unabhängig sind.

2.49. Die zweidimensionale Zufallsgröße (X, Y) besitze die Wahrscheinlichkeitsdichte

$$f_{(X, Y)}(t_1, t_2) = \frac{1}{16\pi}\, e^{-\frac{1}{2}\left(\frac{(t_1 - 3)^2}{4} + \frac{(t_2 + 2)^2}{16}\right)} \qquad (-\infty < t_1, t_2 < \infty).$$

Man bestimme

a) die Wahrscheinlichkeitsdichten f_X, f_Y,
b) die Erwartungswerte $E(X)$, $E(Y)$,
c) die Varianzen $D^2(X)$, $D^2(Y)$,
d) die Kovarianz $b(X, Y) = E[(X - E(X))\,(Y - E(Y))]$ und den Korrelationskoeffizienten
   $\varrho(X, Y)$.

2.50. Die zweidimensionale diskrete Zufallsgröße (X, Y) besitzt folgende Verteilung:

Y \\ X	-1	0	1
-1	$\frac{1}{8}$	$\frac{1}{8}$	$\frac{1}{8}$
0	$\frac{1}{8}$	0	$\frac{1}{8}$
1	$\frac{1}{8}$	$\frac{1}{8}$	$\frac{1}{8}$

Man bestimme
a) die Randverteilung von X,
b) die Randverteilung von Y,
c) die bedingten Einzelwahrscheinlichkeiten von X unter der Bedingung $\{Y = k\}$,
   $k = -1, 0, 1$,
d) die bedingten Einzelwahrscheinlichkeiten von Y unter der Bedingung $\{X = i\}$,
   $i = -1, 0, 1$,
e) $E(X)$, $E(Y)$,
f) $D^2(X)$, $D^2(Y)$,
g) den Korrelationskoeffizienten $\varrho(X, Y)$.
h) Sind X und Y unkorreliert?
i) Sind X und Y unabhängig?

2.51. Ein Transformatorkern bestehe aus 50 Blechen, deren Dicke B normalverteilt ist
mit den Parametern $\mu_B = 0,5$ (in mm) und $\sigma_B = 0,05$ (in mm), sowie 49 Zwischenlagen aus
speziellem Papier, dessen Dicke P normalverteilt ist mit den Parametern $\mu_P = 0,05$ (in
mm) und $\sigma_P = 0,02$ (in mm).

Unter der Voraussetzung, daß die Dicken der einzelnen Schichten (sowohl Bleche als
auch Papierzwischenlage) unabhängig sind, bestimme man

a) die Wahrscheinlichkeitsverteilung der Dicke T des Transformatorkerns,
b) die Wahrscheinlichkeit dafür, daß $x_1 \leq T \leq x_2$ für $x_1 = 27$ (in mm) und $x_2 = 28$ (in
   mm) gilt.

2.52. Ein Lkw mit einer Nutzlast von 6 t wird durch einen Kran mit Kies beladen. Bei jedem Beladungsvorgang erfaßt der Kran eine Masse (Kies), die normalverteilt ist mit $\mu = 250$ (in kg) und $\sigma = 50$ (in kg). Wie viele (unabhängige) Beladungsvorgänge sind erforderlich, damit die Wahrscheinlichkeit, die Nutzlast des Lkw mindestens zu 95 % auszunutzen, mehr als

a) 0,95,   b) 0,99,   c) 0,999 beträgt?

d) Wie groß ist die Wahrscheinlichkeit, daß im Falle c) die Nutzlast des Lkw überschritten wird?

Wie groß ist die Wahrscheinlichkeit, daß die Nutzlast mindestens zu 90 % ausgenutzt wird, wenn der Lkw mit

e) 24 Kranfüllungen,
f) 27 Kranfüllungen
beladen wird?

g) Man löse die Aufgaben a)–e) für den Fall, daß $\mu = 250$ (in kg) und $\sigma = 10$ (in kg) ist.

2.53. Ein Punkt P, der auf einem kreisförmigen Radarschirm mit dem Radius r_0 ein beobachtetes Objekt darstellt, kann auf diesem Radarschirm eine beliebige Lage einnehmen.

Unter der Voraussetzung, daß dieser Punkt $P = (X, Y)$ (X ist die x-Koordinate, Y die y-Koordinate von P) gleichmäßig stetig auf der Kreisfläche mit dem Radius $r_0 = 1$ und dem Mittelpunkt (0,0) verteilt ist, bestimme man

a) die Wahrscheinlichkeitsverteilung des Abstandes $R = \sqrt{X^2 + Y^2}$ des Punktes P vom Zentrum des Radarschirmes,
b) die Wahrscheinlichkeitsdichte von (X, Y),
c) die Randdichten $f_X(t_1), f_Y(t_2)$ und

d) $P\left(|Y| < \dfrac{1}{2}\right)$.

e) Sind X und Y unabhängig?

2.54. Für zwei unabhängige Zufallsgrößen X und Y bestimme man die Wahrscheinlichkeitsdichte f_z der Zufallsgröße $Z = X + Y$, falls

a) X bzw. Y exponentialverteilt sind mit den Parametern λ bzw. μ,
b) X und Y gleichmäßig stetig auf $[-1, 1]$ verteilt sind,
c) X bzw. Y normalverteilt sind mit den Parametern (μ_X, σ) bzw. (μ_Y, σ).

2.55. Die Zufallsgröße X sei gleichmäßig stetig auf $[-1, 1]$ verteilt.

a) Sind die Zufallsgrößen X und X^2 unkorreliert?
b) Sind die Zufallsgrößen X und X^2 unabhängig?

2.56. Die stetigen Zufallsgrößen $X_1, \ldots, X_n$ seien unabhängig und identisch verteilt.

Wie groß muß n mindestens gewählt werden, damit der Median $Q_{1/2}$ der Zufallsgrößen mit einer vorgegebenen Wahrscheinlichkeit p im (zufälligen) Intervall

$$[\min(X_1, \ldots, X_n), \max(X_1, \ldots, X_n)]$$

liegt, d. h.

$$P(\min(X_1, \ldots, X_n) \le Q_{1/2} \le \max(X_1, \ldots, X_n)) = p?$$

2.57. Beim Runden von Dezimalzahlen auf 10 Stellen nach dem Komma wird die 10. Stelle um 1 erhöht, falls die 11. Stelle eine 5, 6, 7, 8 oder 9 ist.

a) Unter der Annahme, daß der durch die Rundung erzeugte Rundungsfehler R gleichmäßig stetig auf $[-5 \cdot 10^{-11}, 5 \cdot 10^{-11}]$ verteilt ist, berechne man dessen Erwartungswert $E(R)$ und Varianz $D^2(R)$.

b) Bildet man die Summe von n Zahlen, die in der oben beschriebenen Weise gerundet wurden, so entsteht ein Fehler F, dessen Erwartungswert $E(F)$ und Varianz $D^2(F)$ unter der Annahme, daß die Rundungsfehler der n Summanden unabhängig sind, zu bestimmen sind.

2.58. Die Zufallsgrößen X_i $(i = 1, \ldots, n)$ seien unabhängig und

a) auf $[0, 1]$ gleichmäßig stetig verteilt,
b) exponentialverteilt mit dem Parameter λ $(\lambda > 0)$,
c) standardisiert normalverteilt.

Weiter sei Y eine mit den Parametern n und p binomialverteilte von allen Zufallsgrößen X_i unabhängige Zufallsgröße.

Man bestimme die Wahrscheinlichkeitsverteilung von

$$Z_1 = \begin{cases} \max (X_1, \ldots, X_Y) & \text{für} \quad Y \neq 0, \\ 0 & \text{für} \quad Y = 0 \end{cases}$$

und

$$Z_2 = \begin{cases} \min (X_1, \ldots, X_Y) & \text{für} \quad Y \neq 0, \\ 0 & \text{für} \quad Y = 0. \end{cases}$$

2.59. Für eine Folge (X_i) mit dem Parameter $p_0 (0 < p_0 < 1)$, $i = 1, 2, \ldots$, unabhängiger Null-Eins-verteilter Zufallsgrößen ermittle man die Wahrscheinlichkeitsverteilung von

$$Z = \begin{cases} \displaystyle\sum_{i=1}^{Y} X_i, & Y = 1, 2, \ldots, \\ 0, & Y = 0, \end{cases}$$

falls Y unabhängig von den Zufallsgrößen X_i, $i = 1, \ldots, n$, ist und Y einer Poissonverteilung mit dem Parameter λ $(\lambda > 0)$ genügt.

2.60. Es seien X und Y unabhängige und auf $[0, 1]$ gleichmäßig stetige Zufallsgrößen. Mit Hilfe der charakteristischen Funktionen φ_X und φ_Y bestimme man die Wahrscheinlichkeitsverteilung der Zufallsgröße $Z = X + Y$ (vgl. Aufgabe 2.61 e).

2.61. Wie lauten die charakteristischen Funktionen φ_X folgender Zufallsgrößen X:

a) X unterliegt einer Null-Eins-Verteilung mit dem Parameter p,
b) X unterliegt einer Binomialverteilung mit den Parametern n und p,
c) X unterliegt einer Exponentialverteilung mit dem Parameter λ,
d) X unterliegt einer gleichmäßig stetigen Verteilung auf $[a, b]$,
e) X unterliegt einer Dreieckverteilung über $[0, 2]$, d. h.

$$f_X(x) = \begin{cases} x, & 0 \leq x \leq 1, \\ 2 - x, & 1 \leq x \leq 2, \\ 0, & \text{sonst,} \end{cases}$$

f) X unterliegt einer Laplaceverteilung mit den Parametern λ und μ ($\lambda > 0, \mu$ reell) d. h.

$$f_X(x) = \frac{1}{2\lambda} e^{-\frac{|x-\mu|}{\lambda}} \qquad (-\infty < x < \infty).$$

Außerdem ermittle man in diesem Falle mit Hilfe der charakteristischen Funktion den Erwartungswert $E(X)$ und die Varianz $D^2(X)$.

2.62. Für eine Folge von Zufallsgrößen X_n, $n = 1, 2, \ldots$, die unabhängig und gleichmäßig stetig auf $[0, 1]$ verteilt sind, ermittle man

a) $\displaystyle\lim_{n \to \infty} P\left(n \cdot \min_{i=1, \ldots, n} X_i < t\right)$ für $t \geqq 0$,

b) $\displaystyle\lim_{n \to \infty} P\left(\frac{n}{\mu} \min_{i=1, \ldots, n} X_i < t\right)$ für $t \geqq 0$ $(\mu > 0)$.

c) Ist für $\mu > 0$

$$F(t) = \begin{cases} \displaystyle\lim_{n \to \infty} P\left(\frac{n}{\mu} \min_{i=1, \ldots, n} X_i < t\right), & t \geqq 0, \\ 0, & t < 0, \end{cases}$$

eine Verteilungsfunktion?

2.63. Eine Zufallsgröße Y besitze den Erwartungswert $\mu = E(Y)$ $(\mu > 0)$ und die Varianz $\sigma^2 = D^2(Y)$. Weiter sei $X_1, X_2, \ldots$ eine Folge unabhängiger Zufallsgrößen mit

$$E(X_i) = \mu \quad \text{und} \quad D^2(X_i) = \sigma^2 \qquad (i = 1, 2, \ldots).$$

Man ermittle – unter der Voraussetzung, daß Y unabhängig von den Zufallsgrößen X_i ist –

$$\lim_{n \to \infty} P(X_1 + X_2 + \ldots + X_n < Y).$$

2.64. Mit X_n wird die Anzahl der in einer Serie von n unabhängigen Würfen mit einem Würfel auftretenden Würfe mit der Augenzahl „Sechs" bezeichnet.

a) Welcher Wahrscheinlichkeitsverteilung unterliegt X_n?

b) Für ein beliebiges $\varepsilon > 0$ ermittle man

$$\lim_{n \to \infty} P\left(\left|\frac{X_n}{n} - \frac{1}{6}\right| > \varepsilon\right).$$

c) Für $\varepsilon = 0{,}01$ bestimme man eine Mindestanzahl n_0 von unabhängigen Würfen, so daß $P\left(\left|\frac{X_{n_0}}{n_0} - \frac{1}{6}\right| \leqq 0{,}01\right) \geqq 0{,}5$ gilt, sowohl mit Hilfe der Tschebyscheffschen Ungleichung als auch mittels des zentralen Grenzwertsatzes (in der Form des Satzes von Moivre-Laplace).

2.65. Ein Werkstück wird einer Zuverlässigkeitsprüfung unterzogen. Die Wahrscheinlichkeit dafür, daß diese Prüfung nicht bestanden wird, sei $p = 0{,}05$. Wie groß ist die Wahrscheinlichkeit, daß von 120 Werkstücken, die unabhängig voneinander geprüft werden, mindestens sechs und höchstens zehn die Prüfung nicht bestehen?

3. Mathematische Statistik

3.1. Bei der Beobachtung der relativen Höhenstrahlungsintensität ergaben sich (für eine geomagnetische Breite von 20° Nord) folgende Werte I_l ($l = 1, \ldots, 15$):

1,128	1,132	1,130
1,130	1,129	1,133
1,133	1,127	1,132,
1,134	1,126	1,128
1,133	1,127	1,127

Man ermittle:

a) $I_1^* = I_{\min}$, $I_{15}^* = I_{\max}$,
b) die zugehörige Variationsreihe,
c) die Spannweite,
d) das arithmetische Mittel,
e) die mittlere quadratische Abweichung,
f) den Variationskoeffizienten,
g) die konkrete empirische Verteilungsfunktion.

3.2. An 60 Tannen eines 40jährigen Bestandes wurde der Durchmesser (in Brusthöhe) gemessen (in cm):

16	15	17	16	19	17	16	16	16	18
15	14	14	14	15	11	7	8	10	9
11	11	13	12	12	12	14	13	13	15
11	9	12	10	12	11	12	14	13	11
12	14	15	13	14	15	18	16	17	16
15	14	13	14	14	12	14	12	13	12

a) Man berechne die konkrete empirische Verteilungsfunktion F_n und stelle sie grafisch dar.
b) Unter Verwendung das Klasseneinteilung 6,5–8,5; 8,5–10,5; ...; 18,5–20,5 gebe man die Häufigkeitstabelle (d. h. absolute Klassenhäufigkeiten, relative Klassenhäufigkeiten und relative Summenhäufigkeiten) an.
c) Unter Verwendung der o. g. Klasseneinteilung gebe man das Histogramm, das Häufigkeitspolygon und das Summenpolygon grafisch an.

Man berechne das arithmetische Mittel und die mittlere quadratische Abweichung:

d) unter Verwendung der Klasseneinteilung b),
e) ohne Verwendung einer Klasseneinteilung.

3.3. Die Druckfestigkeit (in MPa) von 40 Betonwürfeln mit 20 cm Kantenlänge wird untersucht. Dabei ergab sich folgende Urliste:

24,5	25,8	25,1	19,2	9,9
24,8	21,8	20,8	17,4	20,5
24,3	24,9	18,3	12,9	23,1
23,6	12,5	12,0	25,1	30,9
21,8	16,9	21,8	23,9	19,0
26,4	16,1	17,4	33,3	19,2
29,2	26,1	21,4	20,5	16,9
18,9	13,5	16,8	19,7	26,9

a) Stellen Sie die Häufigkeitstabelle (Klasseneinteilung: 8,5–11,5; 11,5–14,5; ...; 32,5–35,5) auf.

Stellen Sie

b) das Histogramm,
c) das Häufigkeitspolygon,
d) das Summenpolygon

grafisch dar.

e) Mittels der Klasseneinteilung ermittle man die statistischen Maßzahlen $\bar{x}$ (arithmetisches Mittel) und s (empirische Standardabweichung).

3.4. Die Lebensdauer T eines bestimmten Transistortyps sei wie folgt verteilt

$$f_T(t) = \begin{cases} 10e^{-10(t-\theta)}, & t > \theta, \\ 0, & t \le \theta \end{cases}$$

(„verschobene Exponentialverteilung").
Anhand einer Stichprobe $(T_1, T_2, ..., T_n)$ ist die minimale Lebensdauer θ durch $\hat{\theta} = \min(T_1, T_2, ..., T_n)$ zu schätzen. Wie groß muß der Stichprobenumfang sein, damit

$$P(|\hat{\theta} - \theta| \le 0,01) \ge 0,99$$

gilt?

3.5. X sei eine $N(\mu, \sigma)$-verteilte Zufallsgröße, $(X_1, ..., X_n)$ eine mathematische Stichprobe aus der Grundgesamtheit X.

a) Man ermittle den Erwartungswert $E(U_n)$ für

$$U_n = \frac{1}{n} \sum_{i=1}^{n} X_i^2$$

im Falle $\mu = 0$. Ist U_n eine erwartungstreue Punktschätzfunktion für σ^2?

b) Man ermittle den Erwartungswert $E(V_n)$ für

$$V_n = \frac{1}{n} \sqrt{\frac{\pi}{2}} \sum_{k=1}^{n} |X_k - \mu|.$$

Ist V_n eine erwartungstreue Punktschätzfunktion für σ?

c) Sind U_n und V_n konsistente Punktschätzfunktionen?

3.6. $(X_1, ..., X_n)$ sei eine mathematische Stichprobe vom Umfang n aus einer $N(\mu, \sigma)$-verteilten Grundgesamtheit X.

a) Man bestimme für

$$S_n^2 = \frac{1}{n-1} \sum_{i=1}^{n} (X_i - \bar{X}_n)^2$$

mit $\bar{X}_n = \frac{1}{n} \sum_{i=1}^{n} X_i$ den Erwartungswert $E(S_n^2)$ und die Varianz $D^2(S_n^2)$.

b) Unter Verwendung der Tschebyscheffschen Ungleichung zeige man, daß S_n^2 eine konsistente Punktschätzfunktion für σ^2 ist.

3.7. Es sei $(X_1, ..., X_n)$ eine Stichprobe aus einer Grundgesamtheit, die auf $[0, \theta]$ gleichmäßig stetig verteilt ist.

a) Wie sind α und β zu wählen, damit

$$\hat{\theta}_1 = \alpha \sum_{i=1}^{n} X_i \quad \text{und} \quad \hat{\theta}_2 = \beta \max_{i=1,\ldots,n} X_i$$

erwartungstreue Punktschätzungen für θ sind?

b) Man bestimme die relative Wirksamkeit η von $\hat{\theta}_1$ in bezug auf $\hat{\theta}_2$ für die unter a) ermittelten erwartungstreuen Punktschätzungen.

3.8. Unter Verwendung der Maximum-Likelihood-Methode sind zu schätzen:

a) der Parameter λ ($\lambda > 0$) der Exponentialverteilung,

b) die Parameter μ und σ ($\sigma > 0$) der logarithmischen Normalverteilung,

c) der Parameter p ($0 < p < 1$) der geometrischen Verteilung (vgl. Aufg. 2.16b)),

d) der Parameter p ($0 < p < 1$) einer Binomialverteilung bei vorgegebenem Parameterwert n.

3.9. Zehn unabhängig voneinander arbeitende Baumaschinen gleichen Typs fallen zu folgenden Zeitpunkten (in Std.) erstmalig aus:

$$t_1 = 200, \quad t_2 = 187, \quad t_3 = 150, \quad t_4 = 310, \quad t_5 = 117,$$
$$t_6 = 260, \quad t_7 = 400, \quad t_8 = 87, \quad t_9 = 293, \quad t_{10} = 310.$$

Die Betriebsdauer T unterliege einer Exponentialverteilung. Man bestimme einen Punktschätzwert für den Parameter λ (vgl. Aufg. 3.8a)).

3.10. Gegeben sei folgende konkrete Stichprobe $(x_1, \ldots, x_{15})$ aus einer logarithmisch normalverteilten Grundgesamtheit:

32,651	0,025	0,093
0,082	0,014	21,623
16,615	1,324	0,001
0,227	0,447	0,634
0,053	0,590	0,003

Man ermittle

a) Punktschätzwerte für μ und σ (vgl. Aufg. 3.8b)),

b) mittels a) Punktschätzwerte für Erwartungswert und Streuung dieser logarithmischen Normalverteilung.

c) Man vergleiche die unter b) erhaltenen Punktschätzwerte mit den Punktschätzwerten

$$\bar{x} = \frac{1}{15} \sum_{i=1}^{15} x_i \quad \text{und} \quad s^2 = \frac{1}{14} \sum_{i=1}^{15} (x_i - \bar{x})^2.$$

3.11. Ein Gerät besteht aus m gleichartigen parallel geschalteten Elementen. Die Wahrscheinlichkeit für den Ausfall eines Elementes während einer Arbeitsperiode sei gleich p. Zur Schätzung von p werden n Arbeitsperioden beobachtet. Dabei fiel das Gerät insgesamt k-mal aus.

a) Man bestimme eine Punktschätzung $\hat{p}$ für p.

b) Man ermittle den Punktschätzwert für p im Falle $m = 20$, $n = 100$, $k = 4$.

3.12. Die zweidimensionale Zufallsgröße (X, Y) sei auf der Kreisfläche

$$F = \{(x, y) : x^2 + y^2 \leq R^2\}$$

gleichmäßig verteilt. Der unbekannte Parameter R ist aufgrund einer Stichprobe aus der

Grundgesamtheit $((X_1, Y_1), \ldots, (X_n, Y_n))$ mittels $R^{(n)} = \max\limits_{i=1,\ldots,n} R_i$, $R_i = \sqrt{X_i^2 + Y_i^2}$ ($i = 1, \ldots, n$) zu schätzen.

a) Man ermittle $E(R^{(n)})$. Ist $R^{(n)}$ erwartungstreu?

b) Man konstruiere mit Hilfe von $R^{(n)}$ ein Konfidenzintervall mit dem Konfidenzniveau $1 - \alpha$ für R der Form $[R^{(n)}, \delta R^{(n)}]$ mit $\delta > 1$.

3.13. Bei 10 Messungen der Streckgrenze X des Kohlenstoffstahls St 70 ergaben sich folgende Werte (in N/mm^2):

$$x_1 = 332, \qquad x_5 = 345, \qquad x_8 = 352,$$
$$x_2 = 354, \qquad x_6 = 360, \qquad x_9 = 346,$$
$$x_3 = 338, \qquad x_7 = 366, \qquad x_{10} = 342.$$
$$x_4 = 340,$$

Unter der Annahme, daß die Werte $x_1, \ldots, x_{10}$ eine konkrete Stichprobe aus einer Grundgesamtheit darstellen, die einer Normalverteilung unterliegt, ermittle man Konfidenzintervalle zum Konfidenzniveau $1 - \alpha = 0{,}95$ für

a) den Erwartungswert $\mu = E(X)$ bei bekannter Varianz $\sigma^2 = D^2(X) = 105$ (in N^2/mm^4),

b) den Erwartungswert μ bei unbekannter Varianz $\sigma^2 = D^2(X)$,

c) die Varianz $\sigma^2 = D^2(X)$.

d) Wie groß müßte der Stichprobenumfang im Falle a) mindestens gewählt werden, damit bei gleichem Konfidenzniveau $1 - \alpha = 0{,}95$ die Länge des Konfidenzintervalls höchstens $8\ N/mm^2$ beträgt?

3.14. Bei einem zufälligen Versuch trat bei 100 unabhängigen Wiederholungen dieses Versuches das Ereignis A 11mal ein. Man gebe ein Konfidenzintervall zum Konfidenzniveau $1 - \alpha = 0{,}99$ für $p \doteq P(A)$ an.

3.15. Bei der Gütekontrolle bez. eines elektronischen Bauelementes wurde bei einer Stichprobe vom Umfang $n = 1\,000$ festgestellt, daß 73 Bauelemente nicht funktionstüchtig sind. Als Erfahrungswert wird für die Wahrscheinlichkeit p', daß ein Bauelement nicht funktionstüchtig ist, der Wert $p_0 = 0{,}06$ vom Hersteller angegeben.

a) Man prüfe (mit der Irrtumswahrscheinlichkeit $\alpha = 0{,}01$), ob sich die Wahrscheinlichkeit p' für die Funktionsuntüchtigkeit von dem angegebenen Wert p_0 unterscheidet.

b) Zu welcher Entscheidung gelangt man (bei gleicher Irrtumswahrscheinlichkeit), wenn bei einer Stichprobe, die aus $n = 10\,000$ Bauelementen besteht, 730 Bauelemente nicht funktionstüchtig sind?

3.16. Bei einer Mathematik- und einer Physik-Klausur, die jeweils von denselben 101 Studenten geschrieben wurden, waren jeweils 60 Punkte erreichbar. Dabei ergab sich bez. der Punkteanzahl für die Mathematik-Klausur (Merkmal X) und für die Physik-Klausur (Merkmal Y) bei einer Klasseneinteilung 1…10, 11…20, 51…60 folgende Korrelationstabelle:

X Y	1…10	11…20	21…30	31…40	41…50	51…60
1…10	1					
11…20	3	6	1	1		
21…30	7	9	2	2	1	1
31…40		4	5	3	10	16
41…50			2	3	2	15
51…60						7

Man ermittle folgende statistische Maßzahlen:
a) $\bar{x}$, $\bar{y}$, b) s_X^2, s_Y^2, c) die empirische Kovarianz s_{XY}, d) den empirischen Korrelationskoeffizienten r_{XY}.

3.17. Es seien $(x_1, \ldots, x_{10})$ bzw. $(y_1, \ldots, y_{10})$ konkrete Stichproben aus normalverteilten Grundgesamtheiten mit den Streuungen σ_X^2 bzw. σ_Y^2:

$x_1 = 2{,}33$	$x_6 = 3{,}64$	$y_1 = 2{,}08$	$y_6 = 3{,}27$
$x_2 = 4{,}69$	$x_7 = 3{,}04$	$y_2 = 1{,}72$	$y_7 = 1{,}21$
$x_3 = 2{,}80$	$x_8 = 3{,}00$	$y_3 = 0{,}71$	$y_8 = 1{,}58$
$x_4 = 3{,}59$	$x_9 = 3{,}41$	$y_4 = 1{,}65$	$y_9 = 2{,}13$
$x_5 = 3{,}45$	$x_{10} = 2{,}03$	$y_5 = 2{,}56$	$y_{10} = 2{,}92$

Man ermittle konkrete Konfidenzintervalle zum Konfidenzniveau $1 - \alpha = 0{,}95$ für a) σ_X^2, b) σ_Y^2.
c) Man prüfe mittels des F-Tests die Gleichheit der beiden Streuungen mit der Irrtumswahrscheinlichkeit $\alpha = 0{,}02$.

3.18. Zwanzig Schrauben aus einem Sortiment haben die Länge (in mm): 10, 11, 13, 11, 12, 13, 14, 10, 9, 10, 10, 11, 12, 14, 14, 10, 11, 10, 16, 9.

Unter der Voraussetzung, daß diese Stichprobe aus einer normalverteilten Grundgesamtheit mit $\sigma = 2$ (in mm) stammt, prüfe man die Hypothese: $\mu = 11$ (in mm) mit der Irrtumswahrscheinlichkeit $\alpha = 0{,}01$.

3.19. Zur Untersuchung des Anteils von wasserfreiem Glyzerin in einem Glyzerin-Wasser-Gemisch wurden 10 Proben von jeweils $1\,\text{cm}^3$ dieses Gemisches entnommen und die Masse (in mg) unabhängig voneinander bestimmt. Dabei ergaben sich folgende Werte:

1076,8	1077,2	1076,6	1076,5	1077,4
1077,1	1077,5	1077,0	1076,9	1077,0

Man prüfe, ob dieses Gemisch $30\,\%$ wasserfreies Glyzerin enthält, was einer Masse $\mu_0 = 1\,077{,}1$ (in mg/cm^3) entspricht (Irrtumswahrscheinlichkeit $\alpha = 0{,}05$). Dabei setze man voraus, daß die obigen Werte aus einer normalverteilten Grundgesamtheit stammen.

3.20. Die Masse von Eiern einer bestimmten Güteklasse sei normalverteilt mit dem Erwartungswert $\mu = 78$ (in g). Ein Kunde kauft 60 Eier und ermittelt für diese Eier den Mittelwert $\bar{x} = 72{,}1$ (in g) und die empirische Standardabweichung $s = 6{,}2$ (in g). Steht dieses Ergebnis im Einklang zu der angegebenen Güteklasse? Man wähle, um diese Frage zu entscheiden, die Irrtumswahrscheinlichkeit $\alpha = 0{,}05$.

3.21. An Werkstücken werden die Abweichungen der Maße vom Nennmaß überprüft. Bei einer Stichprobe von 25 Werkstücken ergab sich dabei ein Mittelwert der Abweichungen vom Nennmaß von $\bar{x} = 12$ (in mm) und eine empirische Standardabweichung von $s = 2{,}6$ (in mm). Die Abweichungen vom Nennmaß werden als normalverteilt vorausgesetzt.
a) Man prüfe mit der Irrtumswahrscheinlichkeit $\alpha = 0{,}01$ die Hypothese H_0, daß die Streuung σ^2 gleich $\sigma_0^2 = 4$ (in mm^2) ist (einseitige Fragestellung).
b) Für den Erwartungswert μ gebe man ein Konfidenzintervall zum Konfidenzniveau $1 - \alpha = 0{,}99$ an.

3.22. Bei der Dosierung von Schüttgut ergab eine herkömmliche Methode für die abgefüllte Masse M eine Standardabweichung $\sigma_0 = 0{,}28$ (in kg) je Füllung. Eine technologisch einfachere Methode ergab bei einer Stichprobe vom Umfang $n = 5$ eine empirische Standardabweichung $s = 0,39$ (in kg).

a) Man prüfe die Hypothese, daß die Standardabweichung der abgefüllten Masse M bei der technologisch einfacheren Methode sich von σ_0 nicht signifikant (Irrtumswahrscheinlichkeit $\alpha = 0,05$) unterscheidet (einseitige Fragestellung). Dabei gehe man davon aus, daß M normalverteilt ist.

b) Welche Aussage erhält man, wenn der Umfang der Stichprobe, die zu einer empirischen Standardabweichung von $s = 0,39$ (in kg) führte, $n = 100$ ist?

3.23. Durch $x_1 = 13$, $x_2 = 15$, $x_3 = 10$, $x_4 = 18$, $x_5 = 14$, $x_6 = 16$, $x_7 = 12$, $x_8 = 14$ bzw. $y_1 = 11$, $y_2 = 6$, $y_3 = 16$, $y_4 = 12$, $y_5 = 10$, $y_6 = 11$, $y_7 = 11$, $y_8 = 10$, $y_9 = 12$, $y_{10} = 10$, $y_{11} = 13$, $y_{12} = 12$, $y_{13} = 9$, $y_{14} = 7$, $y_{15} = 15$, $y_{16} = 12$, $y_{17} = 10$ sind zwei konkrete Stichproben aus einer $N(\mu_X, \sigma_X)$- bzw. $N(\mu_Y, \sigma_Y)$-verteilten Grundgesamtheit gegeben. Dabei seien X und Y unabhängig.

Man prüfe die Hypothese $H_0 : \mu_X = \mu_Y$ mit der Irrtumswahrscheinlichkeit $\alpha = 0,05$. Dazu stelle man zunächst mit der Irrtumswahrscheinlichkeit $\alpha' = 0,02$ fest, ob die für diesen Test benötigte Voraussetzung bez. der Varianzen von X und Y erfüllt ist.

3.24. Zwei Verfahren zur Erhöhung der Festigkeit von Polyamidseide sollen auf ihre unterschiedliche Wirkung hin untersucht werden. Zu diesem Zweck wurden für jedes Verfahren 10 Festigkeitsmessungen durchgeführt. Dabei ergaben sich folgende Meßwerte (in N):

1. Verfahren: 0,12   0,10   0,11   0,13   0,11
              0,14   0,10   0,10   0,13   0,10

2. Verfahren: 0,10   0,10   0,09   0,10   0,11
              0,11   0,08   0,11   0,11   0,10

Man prüfe die Hypothese, daß die beiden Verfahren hinsichtlich des Mittelwertes der Festigkeit gleichwertig sind (Irrtumswahrscheinlichkeit $\alpha = 0,05$). Dabei sei vorausgesetzt, daß die Meßwerte aus normalverteilten Grundgesamtheiten mit gleichen Streuungen stammen.

3.25. Bei 100 unabhängigen Würfen mit einem Würfel trat die Augenzahl „5" zehnmal auf. Man prüfe, ob es sich bei diesem Würfel um einen idealen Würfel (alle Augenzahlen sind gleichwahrscheinlich) handeln kann. Dabei wähle man $\alpha = 0,05$ als Irrtumswahrscheinlichkeit.

3.26. Bei der Messung des Widerstandswertes R (in kΩ) von 200 gleichartigen Ohmschen Widerständen aus einer Produktionsserie ergab sich folgende Häufigkeitsverteilung:

Bereich:	$18,4 \leq R \leq 19,0$	$19,0 < R \leq 19,6$	$19,6 < R \leq 20,2$	$20,2 < R \leq 20,8$
Häufigkeit:	2	9	34	55

Bereich:	$20,8 < R \leq 21,4$	$21,4 < R \leq 22,0$	$22,0 < R \leq 22,6$	$22,6 < R \leq 23,2$
Häufigkeit:	55	30	12	3

a) Man stelle mit Hilfe des Wahrscheinlichkeitspapiers fest, ob der Widerstandswert als normalverteilt angesehen werden kann.

b) Man ermittle dabei Näherungswerte für das konkrete arithmetische Mittel und die konkrete empirische Standardabweichung.

c) Ein Ohmscher Widerstand mit $R < 19,4$ (in kΩ) werde als nicht verwendungsfähig angesehen. Man bestimme näherungsweise den Anteil (in %) der nicht verwendungsfähigen Widerstände in der Produktionsserie.

3.27. Bei der Berechnung der Zahl π auf 800 Stellen traten nach dem Komma die Ziffern $0, 1, 2, \ldots, 9$ mit den absoluten Häufigkeiten 74, 92, 83, 79, 80, 73, 77, 75, 76, 91 auf.

Man prüfe mit einer Irrtumswahrscheinlichkeit $\alpha = 0{,}05$ die Hypothese, daß in der Dezimalbruchdarstellung von π alle Ziffern nach dem Komma gleichmäßig diskret verteilt sind.

3.28. Aus einer Grundgesamtheit wurde eine konkrete Stichprobe $(x_1, \ldots, x_{40})$ entnommen.

Dabei ergaben sich folgende Werte:

$$0 \leqq x_i \leqq 1 \quad \text{für} \quad i = 1, \ldots, 10,$$
$$1 < x_i \leqq 2 \quad \text{für} \quad i = 11, \ldots, 24,$$
$$2 < x_i \leqq 3 \quad \text{für} \quad i = 25, \ldots, 38,$$
$$3 < x_i \leqq 4 \quad \text{für} \quad i = 39, 40.$$

Man prüfe mit dem χ^2-Anpassungstest und einer Irrtumswahrscheinlichkeit $\alpha = 0{,}05$ die Hypothese H_0, daß die Grundgesamtheit folgender Verteilung mit der Verteilungsfunktion F_0 unterliegt:

$$F_0(x) = \begin{cases} 0, & x \leqq 0, \\[2mm] \dfrac{x^2}{6}, & 0 < x \leqq 1, \\[2mm] \dfrac{1}{6} + \dfrac{1}{3}(x - 1), & 1 < x \leqq 3, \\[2mm] -\dfrac{x^2}{6} + \dfrac{4}{3}x - \dfrac{5}{3}, & 3 < x \leqq 4, \\[2mm] 1, & x > 4. \end{cases}$$

3.29. Ist durch die folgende Häufigkeitstabelle eine Stichprobe gegeben, die einer poissonverteilten Grundgesamtheit mit dem Parameter $\lambda = 10{,}44$ entstammen könnte? Man führe einen χ^2-Anpassungstest mit der Irrtumswahrscheinlichkeit $\alpha = 0{,}05$ durch.

i	h_i	i	h_i	i	h_i	i	h_i
0	0	6	197	12	413	18	43
1	5	7	278	13	358	19	16
2	14	8	378	14	219	20	7
3	24	9	418	15	145	21	8
4	57	10	461	16	109	22	3
5	111	11	433	17	57	>22	0

(i – Anzahl der eingetretenen Ereignisse, h_i – zugehörige Häufigkeiten)

3.30. Im Bezirk Irkutsk wurde an 4 Orten die mittlere Anzahl der Tage (je Monat) mit einem Niederschlag von mehr als 0,1 mm ermittelt. Dabei ergaben sich folgende Werte (über mehrere Jahre):

	Bratsk	Irkutsk	Kirensk	Mondy
Januar	11,2	11,8	17,5	1,6
Februar	8,9	9,2	14,3	2,4
März	7,3	7,1	12,6	3,8
April	8,8	7,6	10,9	4,2
Mai	11,1	10,7	12,3	7,3
Juni	12,3	12,4	13,6	11,9
Juli	12,7	14,4	12,2	16,8
August	13,1	14,6	14,0	15,1
September	13,2	12,0	14,3	9,1
Oktober	12,7	10,2	15,8	4,4
November	14,8	12,7	18,7	4,5
Dezember	13,1	14,0	17,2	2,2

Man prüfe mittels der Varianzanalyse (Monate $\triangleq$ Stufen, Orte $\triangleq$ Wiederholungen) mit der Irrtumswahrscheinlichkeit $\alpha = 0{,}01$ die Hypothese, daß die mittlere Anzahl der Tage mit Niederschlag für alle Monate gleich ist. Dabei setze man voraus, daß die Werte in jedem Monat eine konkrete Stichprobe aus jeweils normalverteilten Grundgesamtheiten X_i ($i = 1, \ldots, 12$) darstellen, die unabhängig sind, und daß $D^2(X_i) = \sigma^2 > 0$ gilt. Man gebe zunächst die Varianztabelle an.

3.31. Bei einem Feldversuch soll die Wirkung vier verschiedener Konzentrationen eines Düngemittels auf den Hektarertrag (in dt/ha) untersucht werden. Dabei ergaben sich auf den jeweils vier Anbauflächen (gleicher Größe) folgende Werte für den Ertrag:

i	j	Anbauflächen			
		1	2	3	4
Konzen-	1	43,6	47,2	46,1	44,2
trationen	2	41,5	47,0	42,3	43,6
	3	42,4	39,6	43,5	40,1
	4	38,6	40,1	46,3	42,9

Man untersuche mittels Modell I der Varianzanalyse, ob die verschiedenen Konzentrationen eine unterschiedliche Wirkung auf den Hektarertrag haben (Irrtumswahrscheinlichkeit $\alpha = 0{,}01$). Dabei setze man voraus, daß die angegebenen Werte Realisierungen normalverteilter Zufallsgrößen mit gleicher Streuung sind.

3.32. Ausgehend von fünf verschiedenen Proben (I, …, V) aus einem Steinbruch, an denen jeweils zwei Druckfestigkeitsmessungen vorgenommen wurden, ist zu entscheiden, ob sich die Druckfestigkeiten (in N/cm^3) dieser Proben signifikant unterscheiden. Dabei setze man voraus, daß die Werte x_{ij} ($i = 1, \ldots, 5$; $j = 1, 2$) in der Form $x_{ij} = \mu + a_i + e_{ij}$ darstellbar sind, wobei

μ – eine Konstante,

a_i ($i = 1, \ldots, 5$) – Realisierungen von unabhängigen $N(0; \sigma_\mathrm{A})$-verteilten Zufallsgrößen A_i,

e_{ij} ($i = 1, \ldots, 5$; $j = 1, 2$) – Realisierungen von unabhängigen $N(0; \sigma_E)$-verteilten Zufallsgrößen E_{ij} sowie

A_i ($i = 1, \ldots, 5$) und E_{ij} ($i = 1, \ldots, 5$; $j = 1, 2$) unabhängig sind.

Proben	Wiederholungen	(Druckfestigkeitsmessungen)
	1	2
I	$x_{11} = 727,7$	$x_{12} = 769,0$
II	$x_{21} = 644,8$	$x_{22} = 634,6$
III	$x_{31} = 1\,138,3$	$x_{32} = 906,7$
IV	$x_{41} = 723,2$	$x_{42} = 679,6$
V	$x_{51} = 590,6$	$x_{52} = 646,6$

a) Man gebe die Schätzwerte s_A^2 und s_E^2 der Varianzkomponenten σ_A^2 und σ_E^2 an.
b) Man teste die Hypothese H_0: $\sigma_A^2 = 0$ mit der Irrtumswahrscheinlichkeit $\alpha = 0,01$.

3.33. D.J. Mendelejev erhielt folgende Meßergebnisse l_0, l_{20}, ..., l_{100} für die Lösbarkeit (in g/100 g H_2O) von $NaNO_3$ in Wasser in Abhängigkeit von der Temperatur (in °C):

Temperatur T	0	20	40	60	80	100
Lösbarkeit l	70,7	88,3	104,9	124,7	148,0	176,0

a) Für die Regressionsgerade $f(T) = \beta_1 + \beta_2 T$ ermittle man die konkreten empirischen Regressionskoeffizienten b_1 und b_2 sowie die konkrete empirische Restvarianz s_R^2.
b) Unter der Voraussetzung, daß die Werte l_0, l_{20}, ..., l_{100} Realisierungen unabhängiger normalverteilter Zufallsgrößen L_0, L_{20}, ..., L_{100} mit $D^2(L_0) = ... = D^2(L_{100}) = \sigma^2 > 0$ sind, prüfe man die Hypothese

$$H_0: \beta_2 = 0 \qquad (\text{„}l \text{ ist von } T \text{ unabhängig“})$$

mit einer Irrtumswahrscheinlichkeit $\alpha = 0,05$.

3.34. Bei Frostempfindlichkeitsuntersuchungen für eine Apfelsorte ergaben sich nach 12stündiger Frostbelastung bei den Temperaturen t_1, ..., t_{10} folgende Werte (angegeben in %) für die Überlebensfähigkeit F:

$t_1 = -10\,°C,$	$f_1 = 13,2\,\%,$	$t_6 = -5\,°C,$	$f_6 = 22,8\,\%,$
$t_2 = -9\,°C,$	$f_2 = 14,8\,\%,$	$t_7 = -4\,°C,$	$f_7 = 28,2\,\%,$
$t_3 = -8\,°C,$	$f_3 = 16,5\,\%,$	$t_8 = -3\,°C,$	$f_8 = 31,7\,\%,$
$t_4 = -7\,°C,$	$f_4 = 17,1\,\%$	$t_9 = -2\,°C,$	$f_9 = 50,8\,\%,$
$t_5 = -6\,°C,$	$f_5 = 20,0\,\%,$	$t_{10} = -1\,°C,$	$f_{10} = 97,6\,\%.$

a) Für die Regressionsgerade (bez. τ) $f(\tau) = \beta_1 + \beta_2 \tau$ mit $\tau = \dfrac{1}{t}$

$\left(\text{d. h. } \tau_i = \dfrac{1}{t_i} \ (i = 1, ..., 10)\right)$ ermittle man die konkreten empirischen Regressionskoeffizienten b_1 und b_2 sowie die konkrete empirische Restvarianz s_R^2.
b) Unter der Voraussetzung, daß die Werte f_i $(i = 1, ..., 10)$ Realisierungen unabhängiger normalverteilter Zufallsgrößen F_i mit $D^2(F_i) = \sigma^2 > 0$ sind, prüfe man die Hypothesen

$$H_0': \beta_2 = -96 \quad \text{und} \quad H_0'': \beta_1 = 4$$

jeweils mit der Irrtumswahrscheinlichkeit $\alpha = 0,01$.
c) Man gebe Konfidenzintervalle (zum Konfidenzniveau $1 - \alpha = 0,99$) für β_1, β_2, $f(\tau)$, $\tau < 0$, sowie für $\tilde{f}(t) = \beta_1 + \dfrac{\beta_2}{t}$ $(t < 0)$ an.

d) Man stelle die Meßwerte und die konkrete empirische Regressionsgerade $f(t)$ $= b_1 + \dfrac{b_2}{t}$ über dem Intervall $[-10, -1]$ grafisch dar.

3.35. An 12 Stahlstäben gleicher Länge und gleichen Querschnitts, aber unterschiedlichen Kohlenstoffgehalts (in %) wird die Zugfestigkeit (in MPa) gemessen:

i	x_i	y_i	i	x_i	y_i
1	0,10	3,58	7	0,40	6,25
2	0,20	4,34	8	0,25	5,01
3	0,20	4,45	9	0,25	4,73
4	0,55	7,83	10	0,55	7,58
5	0,20	4,11	11	0,40	6,50
6	0,40	6,10	12	0,50	7,21

(x_i – Kohlenstoffgehalt, y_i – Zugfestigkeit).

a) Man stelle die Ergebnisse in einem Koordinatensystem dar und ermittle mit Hilfe der Methode der kleinsten Quadrate die konkrete empirische Regressionsgerade $y(x) = b_1 + b_2 x$.

b) Man ermittle die konkrete empirische Restvarianz

$$s_R^2 = \frac{1}{n-2} \sum_{i=1}^{n} (y_i - y(x_i))^2.$$

Unter der Voraussetzung, daß die Meßwerte y_i Realisierungen von unabhängigen normalverteilten Zufallsgrößen y_i ($i = 1, \ldots, 12$) mit $E(Y_i) = \eta(x_i) = \beta_1 + \beta_2 x_i$ und $D^2(Y_i) = \sigma^2$ sind, löse man folgende Aufgaben:

c) Man ermittle konkrete Konfidenzintervalle für β_2 und β_1 zum Konfidenzniveau $1 - \alpha = 0,95$.

d) Man teste mit einer Irrtumswahrscheinlichkeit $\alpha = 0,05$ die Hypothesen $H_0': \beta_2 - 10$ und $H_0'': \beta_1 - 2$.

e) Man bestimme einen konkreten Konfidenzbereich für die Regressionsgerade $\eta(x) = \beta_1 + \beta_2 x$ zum Konfidenzniveau $1 - \alpha = 0,95$.

Man berechne

f) $y(0,35)$, g) $y(0,45)$ und h) mittels e) ein konkretes Konfidenzintervall für $y(0,40)$ zum Konfidenzniveau $1 - \alpha = 0,95$.

3.36. Bei der Prüfung von 8 Sprengstoffen ergaben sich folgende Werte für die Explosionstemperatur E (in °C) und Detonationsgeschwindigkeit D (in m/s):

$$e_1 = 4\,250, \qquad d_1 = 7\,450, \qquad e_5 = 3\,800, \qquad d_5 = 8\,200,$$
$$e_2 = 3\,420, \qquad d_2 = 6\,650, \qquad e_6 = 3\,540, \qquad d_6 = 7\,000,$$
$$e_3 = 4\,300, \qquad d_3 = 7\,800, \qquad e_7 = 2\,500, \qquad d_7 = 6\,100,$$
$$e_4 = 3\,700, \qquad d_4 = 6\,100, \qquad e_8 = 2\,820, \qquad d_8 = 6\,700.$$

a) Man ermittle den konkreten empirischen Korrelationskoeffizienten r_{ED}.

b) Unter der Voraussetzung, daß (E, D) eine normalverteilte zweidimensionale Zufallsgröße ist, teste man die Hypothese $H_0: \varrho_{ED} = 0$ mit der Irrtumswahrscheinlichkeit $\alpha = 0,05$.

3.37. Unter der Voraussetzung, daß die in Aufg. 3.16 eingeführte zweidimensionale Zufallsgröße (X, Y) normalverteilt ist, prüfe man unter Verwendung des in 3.16 d) erhaltenen empirischen Korrelationskoeffizienten r_{XY} die Hypothesen:

a) $H_0' : \varrho_{XY} = 0,7$, b) $H_0'' : \varrho_{XY} = 0,72$

für die dort eingeführten Merkmale X und Y (Irrtumswahrscheinlichkeit $\alpha = 0,05$).

3.38. Zur Untersuchung des Zusammenhanges zwischen Bruchfestigkeit X und Brinellhärte Y bei verschiedenen Proben des gleichen Materials wurde mit Hilfe einer Stichprobe vom Umfang $n = 20$ der konkrete empirische Korrelationskoeffizient $r_{XY} = 0,73$ ermittelt.

a) Unter der Voraussetzung, daß (X, Y) zweidimensional normalverteilt ist, prüfe man mit der Irrtumswahrscheinlichkeit $\alpha = 0,01$ die Unabhängigkeit von X und Y.
b) Falls die Hypothese der Unabhängigkeit abgelehnt wird, prüfe man die Hypothese $H_0 : \varrho_{XY} = 0,5$ mit $\alpha = 0,01$.

3.39. Zur Heilbehandlung einer Infektionskrankheit werden zwei Medikamente A und B erprobt. Dabei ergaben sich bei 210 Patienten folgende Ergebnisse:

	Anzahl der Patienten mit Heilerfolg	Anzahl der Patienten ohne Heilerfolg
Behandlung mit A	34	17
Behandlung mit B	111	48

Mittels des Vierfelder-χ^2-Prüfverfahrens entscheide man, ob sich die Medikamente A und B hinsichtlich des Heilerfolges signifikant (Irrtumswahrscheinlichkeit $\alpha = 0,05$) unterscheiden.

3.40. Beim Vergleich von zwei Apfelsorten bezüglich des Ertrages (in kg/je Baum) ergaben sich für die Sorte A bzw. B folgende Werte bei 34 Bäumen gleichen Alters:
57,2; 56,3; 19,2; 40,8; 71,4; 22,9; 40,1; 49,2; 30,3; 63,4; 61,8; 29,0; 31,4; 56,8 bzw.
20,1; 24,2; 80,3; 56,7; 40,2; 34,8; 60,2; 59,3; 59,6; 59,4; 30,9; 46,2; 74,3; 19,8; 53,2; 53,2;
70,8; 52,4; 47,9; 43,6.
Mit Hilfe des U-Prüfverfahrens stelle man (mit einer Irrtumswahrscheinlichkeit $\alpha = 0,05$) fest, ob sich die Sorten A und B hinsichtlich (der Verteilung) des Ertrages signifikant unterscheiden.

4. Problemaufgaben

Vorbemerkung:

Dieser Abschnitt enthält einige Aufgaben, bei denen die Voraussetzungen für ihre Lösung nicht vollständig angegeben sind. Diese Aufgaben entsprechen damit der allgemeinen Situation bei der praktischen Anwendung stochastischer Methoden und Modelle, daß nämlich geeignete Methoden oder Modelle zunächst gefunden werden müssen. Bei der Behandlung dieser Aufgaben ist die Formulierung der Voraussetzungen, die für den Lösungsweg benutzt wurden, als Teil der Lösung anzusehen. Bei den Lösungshinweisen wurde aber auf die Angabe dieser Voraussetzungen bewußt verzichtet.

4.1. Was ist wahrscheinlicher: mit 2 Würfeln wenigstens eine „Fünf" oder mit 4 Würfeln wenigstens zwei „Fünfen" zu würfeln?

4.2. Bei einer Lotterie wird angekündigt, daß „jedes vierte Los gewinnt".

a) Was bedeutet diese Aussage?
b) Wie groß ist die Wahrscheinlichkeit, daß wenigstens ein Los gewinnt, wenn man 4 Lose kauft?

4.3. Eine Person soll aus einer Lostrommel mit N Losen, unter denen sich der Hauptgewinn befindet, ein Los herausziehen. Fälschlicherweise zieht sie drei Lose. Wie verhält sich die Wahrscheinlichkeit p, aus N Losen bei Entnahme eines Loses den Hauptgewinn zu ziehen, zur Wahrscheinlichkeit p', bei Entnahme eines Loses aus den drei schon gezogenen (aber noch nicht geöffneten) Losen den Hauptgewinn zu ziehen?

4.4. Für die Beleuchtung einer Treppe sind in gleichmäßigen Abständen 7 Lampen angebracht und der Reihe nach mit A, B, ..., G bezeichnet. Damit die Ausleuchtung der Treppe gewährleistet ist, müssen von den Lampen A und B sowie von F und G mindestens je eine oder von den Lampen C, D, E mindestens eine leuchten. Die Wahrscheinlichkeit, daß eine Lampe während der Nachtstunden ausfällt, sei gleich p.

a) Wie kann man die Wahrscheinlichkeit, daß die Ausleuchtung gewährleistet ist, ermitteln?

Wie ändert sich diese Wahrscheinlichkeit, wenn

b) die Lampe D,
c) die Lampen C und E nicht benutzt werden?
d) Man berechne die unter a)–c) genannten Wahrscheinlichkeiten für die Werte
   α) $p = 0{,}1$,   β) $p = 0{,}25$.
   Mit welchen Varianten wird eine Wahrscheinlichkeit von mindestens 0,99 erreicht?

4.5. In einem Laborgerät befindet sich ein Spezialwiderstand mit exponential verteilter Lebensdauer ($\lambda = 0{,}004$ [Stunden]$^{-1}$). Wie groß ist die Wahrscheinlichkeit, daß das Gerät bei einem Dauerversuch von 100 Stunden nicht ausfällt, wenn es

a) keine anderen Ausfallursachen gibt,
b) noch zwei weitere Ursachen für Ausfälle gibt, die mit den Wahrscheinlichkeiten $p_1 = 0{,}07$ bzw. $p_2 = 0{,}15$ auftreten?

4.6. Ein Längenmeßgerät hat folgende Eigenschaft: Beim Abmessen einer vorgegebenen Länge s ergibt sich die wirkliche Länge als Realisierung einer Zufallsgröße X_s mit $E(X_s) = s(1 + \delta)$ und $D^2(X_s) = s\sigma^2$.

a) Man interpretiere die Beziehung $E(X_s) = s(1 + \delta)$.

b) Man berechne Erwartungswert und Varianz der Fläche F eines Rechteckes mit den vorgegebenen Seitenlängen a und b, wenn es mit Hilfe des Längenmeßgerätes im Gelände abgesteckt wird.

4.7. Eine elektrische Schaltung besteht aus m gleichartigen, unabhängig voneinander arbeitenden und parallel geschalteten Bauelementen. Die Wahrscheinlichkeit, daß ein Bauelement während einer Arbeitsperiode ausfällt, ist $p\,(0 < p < 1)$.

Zur Schätzung von p wurden n Arbeitsperioden der Schaltung beobachtet. Dabei fiel die Schaltung k-mal aus $(k = 0, 1, \ldots, n)$.

a) Man ermittle die Maximum-Likelihood-Schätzung $\hat{p}$ von p.

b) Man ermittle $\hat{p}$ speziell für $m = 10$, $n = 10$ und $k = 2$.

4.8. Während einer Woche wurden bei drei Maschinen insgesamt 15 Ausfälle beobachtet und zwar: Maschine 1: 7 Ausfälle, Maschine 2: 7 Ausfälle, Maschine 3: 1 Ausfall. Es wird behauptet, daß Maschine 3 besser als die übrigen arbeitet.
Vor Durchführung eines Tests überlege man, welche Aussage die Zahlenverhältnisse vermuten lassen; man vergleiche diese Vermutung mit den Testergebnissen.

a) Man prüfe die o. g. Behauptung, indem man die Hypothese „alle Maschinen zeigen gleiches Ausfallverhalten" testet. Hinweis: Man betrachte jeden Ausfall als zufälligen Versuch und definiere eine Zufallsgröße, die angibt, bei welcher Maschine der Ausfall auftritt; man formuliere eine entsprechende Hypothese über die Verteilung dieser Zufallsgröße.

Man prüfe die obige Behauptung mit der gleichen Irrtumswahrscheinlichkeit $\alpha = 0{,}05$, wenn folgende Ausfallanzahlen vorliegen:

b) Maschine 1: 14 Ausfälle, Maschine 2: 14 Ausfälle, Maschine 3: 2 Ausfälle.

c) Maschine 1: 13 Ausfälle, Maschine 2: 13 Ausfälle, Maschine 3: 4 Ausfälle.

4.9. Im physikalischen Praktikum haben 26 Studenten unabhängig voneinander denselben Versuch zur Bestimmung eines Widerstandswertes durchzuführen. Für den Widerstandswert ist ein Konfidenzintervall zum Konfidenzniveau 0,95 anzugeben. Bei der Durchsicht der Versuchsprotokolle wird festgestellt, daß alle angegebenen Konfidenzintervalle den wahren Wert enthalten. Wie wahrscheinlich ist ein solches Ergebnis?

4.10. Bei spektrometrischen Untersuchungen der Verunreinigung von Reinstmetallen wurden für zwei unabhängig voneinander gewonnene Proben die folgenden Meßwerte in dieser Reihenfolge erhalten

I: 0,75; 0,82; 0,92; 0,88; 1,10; 0,95; 1,15; 1,07; 1,06; 0,98;
II: 0,89; 0,93; 1,07; 0,98; 1,25; 1,06; 1,12; 1,22; 1,14; 1,17.

Man prüfe, ob der Verunreinigungsgrad bei beiden Proben derselbe ist:

a) unter der Annahme normalverteilter Meßwerte,

b) mit dem U-Test.

Bei einer genaueren Betrachtung der ersten Meßwerte beider Reihen fällt ein ähnliches Verhalten auf. Man untersuche diesen Sachverhalt durch

c) Berechnung des Korrelationskoeffizienten,

d) Prüfen der Hypothese „$\varrho = 0$".

Man interpretiere das Ergebnis.

4.11. Auf einem Lagerplatz ist ein Kran vorhanden, dessen Auslastung anhand 100 unabhängiger Beobachtungen festgestellt wurde. 88mal ergab sich „Kran arbeitet", 12mal „Kran arbeitet nicht". Der Meister behauptet, die Auslastung sei 95%.

a) Man prüfe diese Behauptung.
b) Wie ist das Beobachtungsergebnis zu werten, wenn der Meister seine Behauptung aus 100 früheren Beobachtungen abgeleitet hat?

4.12. In einer Werkhalle arbeiten 5 gleiche Maschinen. Bei unabhängigen Beobachtungen ergab sich für die Anzahl der stehenden Maschinen folgende Tabelle:

Anzahl der stehenden Maschinen	0	1	2	3	4	5
beobachtete Häufigkeit	81	10	6	3	0	0

Es wird behauptet, daß diese Maschinen unabhängig voneinander arbeiten und ihre Auslastung jeweils 93% beträgt.
Ist diese Aussage mit den Beobachtungen verträglich?

4.13. Zum Komplettieren eines Gerätes werden im letzten Arbeitsgang ein Bolzen und zwei Muttern gebraucht. Diese Teile werden in einer Kiste mit den Anteilen 1/3 und 2/3 angeliefert. Zur Rationalisierung wird ein Zuführmechanismus vorgeschlagen, der aus der Kiste in zufälliger Weise jeweils 3 Teile entnimmt und neben dem Gerät ablegt.

a) Ist diese Maßnahme sinnvoll?
b) Wird sie günstiger, wenn 4 bzw. 5 bzw. 6 Teile zugeführt werden?
c) Wie groß ist die Wahrscheinlichkeit, daß bei 6 Teilen 2 Geräte komplettiert werden können?
d) Es liegen 2 Bolzen bereit; man gebe die Wahrscheinlichkeiten q_i dafür an, daß nach der Zuführung von 4 Teilen und Durchführung der möglichen Komplettierungen noch i Bolzen vorhanden sind ($i = 0, \ldots, 6$).

4.14. Zum Vergleich zweier Studienjahrgänge sollen auch die Ergebnisse einer Prüfung herangezogen werden, die als Seminargruppen-Durchschnittsnoten vorliegen

Jahrgang A: 1,89; 1,93; 2,07; 1,98; 2,25; 2,06; 2,12; 2,12; 2,14; 2,17; 2,41; 2,26;
Jahrgang B: 2,17; 2,19; 2,26; 2,36; 2,40; 2,34; 2,54; 2,44; 2,32; 2,29.

a) Man gebe ein statistisches Verfahren an, das zum Vergleich anhand dieser Prüfungsergebnisse benutzt werden kann.
b) Kann man sagen, daß sich die Jahrgänge A und B bezüglich dieser Prüfungsergebnisse nicht unterscheiden?

4.15. Erfahrungsgemäß liegt der Anteil fehlerhafter Schrauben bei der Produktion in einem bestimmten Betrieb zwischen 0,008 und 0,03. Wieviel Schrauben müssen geprüft werden, um eine Schätzung für den Anteil fehlerhafter Schrauben zu erhalten, die bei vorgegebener Irrtumswahrscheinlichkeit 0,05 höchstens um 15% vom wahren Anteil abweicht?

4.16. Bei der Erprobung einer Maschine wurden an gefertigten Werkstücken die Abweichungen von einem Sollmaß gemessen sowie die bei der Fertigung eingestellte Arbeitsgeschwindigkeit v notiert. Es ergab sich folgende Tabelle:

Geschwindigkeit	Abweichung am Werkstück			
10	19	16	13	20
24	18	20	21	17
33	18	19	21	22
44	21	20	23	24

Ein Praktikant erhält den Auftrag, die Vermutung zu prüfen, daß die Geschwindigkeit keinen Einfluß auf die Abweichung vom Sollmaß hat. Dazu werden ihm folgende Verfahren genannt:

a) Vergleich der Mittelwerte bei $v = 10$ und $v = 44$,
b) Vergleich je zweier Zeilenmittelwerte in der Tabelle,
c) Varianzanalyse (Modell I),
d) Regressionsanalyse,
e) Korrelationsanalyse.

Man überlege, welche der Verfahren anwendbar sind und prüfe mit ihrer Hilfe die o. g. Vermutung. Welche Schlußfolgerung ergibt sich?

Lösungen

1.1: $B = \bigcup\limits_{i=1}^{n} A_i;\ C = \bar{B} = \bigcap\limits_{i=1}^{n} \bar{A_i};\ D = \bigcup\limits_{i=1}^{n} \bigcap\limits_{\substack{k=1 \\ k \neq i}}^{n} (A_i \cap \bar{A_k});\ E = C \cup D.$

1.2: a) $A = \tilde{B}_1 \cup \tilde{B}_2 \cup \tilde{B}_3 \cup \tilde{B}_4.$ b) $A = \tilde{B}_1 \cap \tilde{B}_2 \cap \tilde{B}_3 \cap \tilde{B}_4.$
c) $A = \tilde{B}_1 \cup (\tilde{B}_2 \cap \tilde{B}_3 \cap \tilde{B}_4).$ d) $A = (\tilde{B}_1 \cap \tilde{B}_2) \cup (\tilde{B}_3 \cap \tilde{B}_4).$

1.3: $A = \bigcap\limits_{i=1}^{20} T_{i10};\ B = \bigcap\limits_{i=1}^{20} T_{i1};\ C = \bigcup\limits_{i=1}^{20} \left[T_{i10} \cap \left(\bigcap\limits_{\substack{k=1 \\ k \neq i}}^{20} \bar{T}_{k10} \right) \right];$

$$D = \bigcup\limits_{i=1}^{20} \bigcup\limits_{\substack{k=1 \\ k \neq i}}^{20} [(T_{i2} \setminus T_{i3}) \cap (T_{k2} \setminus T_{k3})].$$

1.4: a) Sie ist eine männliche Person, die raucht oder nicht im Internat wohnt.
b) Alle männlichen Personen wohnen im Internat und sind Nichtraucher.
c) Alle Raucher wohnen im Internat.
d) Alle männlichen Teilnehmer rauchen, und alle weiblichen sind Nichtraucher; nein.

1.5: a) $M_{15} \cap W_6.$ b) $M_{13} \cap W_8.$ c) $W_8 \cap (M_{13} \cup M_{14} \cup M_{15}).$
d) $(M_{15} \cap W_7) \cup (M_{14} \cap W_8) \cup (M_{13} \cap W_9).$
e) Es nimmt wenigstens eine Studentin teil, und die Anzahl der Studenten ist um eins größer als die der Studentinnen.
f) Die Anzahl der Studentinnen und der Studenten ist gleich und jeweils nicht größer als 5 (es kommt niemand oder höchstens 5 „Paare").

1.6: a) $0,3\bar{2};\ 0,6\bar{7};\ 0,1\bar{3};\ 0,2\bar{5};\ 0,1\bar{6};\ 0,1;\ 0,0\bar{7};\ 0,2\bar{6}.$
b) $0,103\,4;\ 0,413\,8;\ 0,172\,4;\ 0,206\,9;\ 0,103\,4;\ 0.$
c) $0,25;\ 0,521\,7;\ 0,\bar{3};\ 0,\bar{6};\ 0,428\,6;\ 0.$
d) $0,0\bar{6};\ 0,\bar{1};\ 0,2\bar{6}.$ e) Nicht angebbar. f) $0,241\,4.$ g) $0,6\overline{81}.$

1.7: a) $0,3.$ b) $0,008\,\bar{3}.$ c) $0,4.$ d) $0,000\,2.$ e) $0,000\,2.$ f) $0,1.$ g) $0,0\bar{2}.$

1.8: a) $32.$ b) $62.$ c) $0,52.$

1.9: a) $0,3\bar{6}.$ b) $0,5.$ c) $0,5.$ d) $0,8.$ e) $0,08.$

1.10: $0,\overline{814}.$

1.11: $1/4.$

1.12: a) $\{2,4,5,6\}.$ b) $\varnothing.$ c) $\{2,3,4,5,6\}.$ d) $\{4,6\}.$ e) $\{1,3,4,5,6\}.$ f) $\{3,5\}.$ g) $\{2\}.$
h) $\{1,3,4,5,6\}.$ i) $0,1\bar{6};\ 0,5;\ 0,\bar{6};\ 0,\bar{6};\ 0;\ 0,8\bar{3};\ 0,\bar{3};\ 0,8\bar{3};\ 0,\bar{3};\ 0,1\bar{6};\ 0,8\bar{3}.$

1.13: a) $0,375\,0.$ b) $0,250\,0.$ c) $0,062\,5.$ d) $0,374\,7;\ 0,260\,0;\ 0,067\,7.$

1.14: a) $0,5.$ b) $0,\bar{3}.$ c) $0,\bar{3}.$ d) $\dfrac{3}{6} \cdot \dfrac{2}{5} \cdot \dfrac{1}{4} = 0,05.$ e) $\dfrac{4}{6} \cdot \dfrac{3}{5} \cdot \dfrac{2}{4} = 0,2.$ f) $0,01.$ g) $0.$

1.15: a) $0,008\,4.$ b) $0,000\,1.$ c) $1,684 \cdot 10^{-6}.$ d) $0,165\,5.$ e) $0,003\,2.$

1.16: Nein.

1.17: a) 8.   b) $A, B, C, A \cup B, A \cup C, B \cup C, \emptyset, \Omega$.   c) α) Ja; β) nein; γ) ja.   d) δ) Ja; ε) nein.

1.18: Falsch.

1.19: Diese Wahrscheinlichkeit ist – falls sie überhaupt für das Ereignisfeld definiert ist – nicht größer als 1/2.

1.20: $\mathfrak{E} = \{\emptyset, \{1,1\}, \overline{\{1,1\}}, \ldots, \{6,6\}, \overline{\{6,6\}}, \{1,1\} \cup \{2,2\}, \overline{\{1,1\} \cup \{2,2\}}, \ldots, \{1,1\} \cup \{2,2\} \cup \ldots \cup \{6,6\},$
$\overline{\{1,1\} \cup \{2,2\} \cup \{2,2\} \cup \ldots \cup \{6,6\}}, \Omega\}$.   a) p_1.   b) $1 - \sum\limits_{i=1}^{6} p_i$.   c) Nicht definiert.

1.21: a) $p + q - r$.   b) $r - q$.   c) $r - p$.   d) $1 - r$.   e) $1 - r + p$.   f) $1 - r + q$.   g) $r - q$.
h) $r - p$.   i) 0,1; 0,4; 0,1; 0,4; 0,9; 0,6; 0,4; 0,1.   k) Ja.

1.22: b) $\dfrac{13}{18} \le P(A/B) \le \dfrac{15}{18}$.   c) $\dfrac{15}{18} \le P(A/B) \le \dfrac{17}{18}$.

1.23: a) $P(C) \le 0,7$.   b) $P(C) \ge 0,9$.   c) $P(C) \ge P(A)\,P(B)$.   d) $P(C) \ge 0,72$.   e) $P(C) \ge 0,9025$.

1.24: G_i – „gerade Augenzahl beim i-ten Wurf" $(i = 1,2)$.
a) $\mathfrak{E} = \{\emptyset, G_1 \cap G_2, \bar{G}_1 \cap G_2, G_1 \cap \bar{G}_2, \bar{G}_1 \cap \bar{G}_2, A, B, C, \bar{A}, \bar{B}, \bar{C},$
$G_1 \cup G_2, \bar{G}_1 \cup G_2, G_1 \cup \bar{G}_2, \bar{G}_1 \cup \bar{G}_2, \Omega\}$, (vgl. b)).
b) $A = (\bar{G}_1 \cap G_2) \cup (\bar{G}_1 \cap \bar{G}_2)$; $B = (G_1 \cap G_2) \cup (\bar{G}_1 \cap \bar{G}_2)$; $C = (\bar{G}_1 \cap G_2) \cup (\bar{G}_1 \cap \bar{G}_2)$.
c) Nein.   d) Ja.   e) Paarweise, aber nicht vollständig unabhängig (α) und β)).

1.25: α) a) $1 - \prod\limits_{i=1}^{4} (1 - p_i)$;   b) $\prod\limits_{i=1}^{4} p_i$;   c) $1 - (1 - p_1)(1 - p_2 p_3 p_4)$;
d) $1 - (1 - p_1 p_2)(1 - p_3 p_4)$.
β) a) $1 - (1 - p)^4$;   b) p^4;   c) $1 - (1 - p)(1 - p^3)$;   d) $1 - (1 - p^2)^2$.
γ) a) $1 - (1 - p)^3 (1 - p^2)$;   b) p^5;   c) $1 - (1 - p)(1 - p^4)$;   d) $1 - (1 - p^2)(1 - p^3)$.
δ) a) 0,3439;   b) 0,0001;   c) 0,1009;   d) 0,0199.
ε) a) 0,27829;   b) 0,00001;   c) 0,10009;   d) 0,01099.

1.26: a) 0,003.   b) 0,388.

1.27: a) $0,7\overline{6}$.   b) Ja.   c) 1/5.

1.28: a) 0,26.   b) 0,98.   c) 0,72.   d) 0,02.   e) Nicht angebbar.   f) α) 2; β) 3.

1.29: a) $(1 - q)^n (\to 0$ für $n \to \infty)$.   b) $1 - (1 - q)^n (\to 1$ für $n \to \infty)$.   c) $q^n (\to 0$ für $n \to \infty)$.

1.30: a) 0,63.   b) 0.   c) 0,46.
d) α) 0,1138; β) 0,000729; γ) 0,009072; δ) 0,054432; ε) 0,041013.
e) 3 bzw. 2.

1.31: a) 0,0016.   b) 0,0797.   c) 0,2436.   d) 0,2836.

1.32: a) 0,3077.   b) 0,25.   c) 0,0769.   d) 0,3077.   e) 0,00230.   f) 0,00237.

1.33: a) 0,125.   b) 0,0121.   c) 0,0020.   d) $1,28 \cdot 10^{-5}$.   e) $4,28 \cdot 10^{-6}$.   f) $0,\overline{3}$.   g) 0,25.

1.34: a) Für $p \ge 1/6$ im Schreibtisch suchen.
b) Für $p \ge 2/7$ im Schreibtisch suchen.

1.35: a) $p/4$.   b) $\dfrac{p}{4 - 3p}$.

1.36: a) $0,\overline{8}$.   b) $0,9375$.

1.37: a) $\dfrac{10p}{9+p}$.   b) $\dfrac{2p}{1+p}$.

1.38: a) $0,8526$.   b) $0,8449$.   c) $0,8420$.   d) $0,8402$.

1.39: a) $0,9915$.   b) $0,3529;\ 0,5294;\ 0,1176$.   c) $0,0131$.

1.40: a) $0,032$.   b) $0,3125$ bzw. $0,3750$ bzw. $0,3125$.

1.41: a) $0,8257$.   b) $0,0053$.   c) $0,9855$.

1.42: a) $0,65$.   b) $0,05$.   c) $0,33$.   d) $0,9429$.   e) $0,\overline{61}$.

1.43: a) $0,2045$.   b) $0,7955$.   c) $0,956$.

1.44: a) $0,5177$.   b) $0,1157$.   c) $0,1975$.   d) $0,0123$.   e) $0,\overline{2}$.   f) $7,7$ Perioden.

2.1: a) $F_X(x) = \sum\limits_{i<x} p_i \quad (-\infty < x < \infty);\ p_4 = 1 - p_1 - p_2 - p_3 - p_5$.

b) $F_X(x) = \begin{cases} 0, & -\infty < x \leqq 1, \\[4pt] \dfrac{1}{3}, & 1 < x \leqq 2, \\[6pt] \dfrac{5}{12}, & 2 < x \leqq 3, \\[6pt] \dfrac{7}{12}, & 3 < x \leqq 4, \\[6pt] \dfrac{5}{6}, & 4 < x \leqq 5, \\[4pt] 1, & 5 < x < \infty. \end{cases}$

2.2: b) $E(X) = 5,08\overline{3};\ E(X-5)^2 = 0,0850;\ E(X-5,1)^2 = 0,078\,\overline{3};\ E(X - E(X))^2 = 0,0781$.

2.3: a) $0,9984$.

b) $F_X(x) = \begin{cases} 0, & -\infty < x \leqq 1, \\ 0,80, & 1 < x \leqq 2, \\ 0,96, & 2 < x \leqq 3, \\ 0,992, & 3 < x \leqq 4, \\ 1, & 4 < x < \infty. \end{cases}$

c) $E(X) = 1,248,\ D^2(X) = 0,2985$.

2.4: a) $a = \dfrac{1}{2},\ b = \dfrac{1}{\pi}$.   b) $f_X(x) = \dfrac{1}{\pi}\,\dfrac{1}{1+x^2}\ (-\infty < x < \infty)$.

2.5: a) $\alpha = 12$.

b) $F_X(x) = \begin{cases} 0, & x \leqq 0, \\[4pt] 12\left(\dfrac{x^3}{3} - \dfrac{x^4}{4}\right), & 0 < x \leqq 1, \quad E(X) = \dfrac{3}{5}, \quad D^2(X) = \dfrac{1}{25}; \\[6pt] 1, & x > 1. \end{cases}$

c) $P\left(X < \dfrac{1}{2}\right) = 0,3125;\ P(X < E(X)) = 0,4752$

2.6: a) $F(x) = \begin{cases} -\dfrac{1}{2x}, & x \leqq -1, \\[2mm] \dfrac{1}{2}, & -1 \leqq x \leqq 1, \\[2mm] 1 - \dfrac{1}{2x}, & x > 1. \end{cases}$ b) $F(x) = \begin{cases} 0, & x \leqq 1, \\[2mm] 1 - \dfrac{1}{x^3}, & x > 1. \end{cases}$

2.7: a) α) Diskret; γ) stetig.

   b) $\begin{aligned} P(X=-1) &= 0{,}2, \\ P(X=0) &= 0{,}5, \\ P(X=1) &= 0{,}1, \\ P(X=2) &= 0{,}2, \end{aligned}$ $f_Z(x) = \begin{cases} 0, & -\infty < x \leqq -1, \\[2mm] \dfrac{1}{2}, & -1 < x \leqq 1, \\[2mm] 0, & 1 < x < \infty. \end{cases}$

   d) 0,5; 0,3; 0,2.   e) 0,3.   f) 0.   g) 0,5; 0,5; 0.   h) 0,5; 1.

2.8: a) $h = \dfrac{2}{9}$.

   b) $F_X(x) = \begin{cases} 0, & x \leqq -1, \\[2mm] \dfrac{2}{9}\left(\dfrac{x^2}{2} + x + \dfrac{1}{2}\right), & -1 < x \leqq 0, \\[2mm] \dfrac{2}{9}\left(\dfrac{x^2}{4} + x + \dfrac{1}{2}\right), & 0 < x \leqq 2, \\[2mm] \dfrac{4}{9}\left(-\dfrac{x^2}{2} + 3x - \dfrac{9}{4}\right), & 2 < x \leqq 3, \\[2mm] 1, & x > 3. \end{cases}$

   c) $F_Y(x) = F_X\left(\dfrac{x-1}{2}\right); \quad f_Y(x) = \dfrac{1}{2}f_X\left(\dfrac{x-1}{2}\right).$

2.9: a) 0,2384.   b) 0,3931.   c) 0,000002.   d) 0,0077.   e) 0,8189.

2.10: a) $P(X = 10\,(950 + k)) = \dbinom{950}{k} 2^{-950}$ $(k = 0, 1, \ldots, 950);$ $E(X) = 14\,250;$ $D^2(X) = 23\,750.$

   b) 0,8348.   c) $n = 699$.

2.11: a) 0,0282.   b) 0,9718.   c) 0,0001.   d) 0,1493.   e) 0,2668.   f) $0{,}\overline{189}$.
   g) 0,0016; $P(|X - 3| > 4) \leqq 0{,}1313$.

2.12: a) 0,1755; $1{,}9676 \cdot 10^{-32}$.   b) 0,3679; $1{,}0138 \cdot 10^{-7}$; 0,3679.
   c) 0,9704; 0,0291; 0,0004.

2.13: a) $0{,}1\overline{6}$.   b) 0,5.   c) 0,3.   d) $0{,}0\overline{3}$.   e) $0{,}0\overline{3}$.   f) $0{,}03\overline{9}$.

2.14: a) 0,3641.   b) 0,3516.   c) 0,9.

2.15: X: Anzahl der gekennzeichneten und erneut gefangenen Fische.
   X ist hypergeometrisch verteilt mit den Parametern N (unbekannt), $M = 1\,000$, $n = 150$; $m = 10$:
   $N^* = 14\,999$ oder $N^* = 15\,000$.

2.16: a) $g_X(z) = e^{\lambda(z-1)};$ b) $g_X(z) = \dfrac{1-p}{1-zp}\left(|z| < \dfrac{1}{p}\right);$

       $E(X) = \lambda.$ $E(X) = \dfrac{p}{1-p}.$

2.17: a) 0,0183.   b) 0,4335; 0,1954; 0,3712.   c) 0,0733.   d) 0,0746.   e) 0,0003.

2.18: a) $\alpha = 10$. b) $P(X_{15} \geqq 2) = 0{,}4422$.

2.19: a) $0{,}9197$. b) $0{,}1637$. c) $0{,}9802$.

2.20: a) $0{,}0821$. b) $0{,}2052$. c) $0{,}2565$. d) $0{,}2424$. e) $0{,}9580$.

2.21: a) $0{,}00495$. b) $t_0 \approx 605$ Tage.

2.22: a) $0{,}9817$. b) $0{,}0003$. c) $0{,}6321$. d) $0{,}9820$. e) $0{,}1353$. f) $0{,}3466$. g) $0{,}3466$.

2.23: a) $0{,}5$. b) $0{,}6915$. c) $0{,}0730$. d) $0{,}3830$. e) $0{,}0027$. f) $0{,}6247$. g) 1.
  h) $4{,}2$. i) $3{,}92$.

2.24: $\sigma \sqrt{\dfrac{2}{\pi}} = 0{,}798\sigma$.

2.25: a) $0{,}5468$. b) 62.

2.26: a) $0{,}3446$. b) $0{,}3446$. c) $0{,}3173$. d) $\alpha \geqq 16{,}45$ (in μF).

2.27: $\bar{\mu} = 27{,}7444$.

2.28: a) $0{,}0228$. b) α) $0{,}0228$; β) $0{,}0317$.

2.29: a) $F_Y(x) = \begin{cases} \displaystyle\int_0^x \frac{1}{\sqrt{2\pi}\,\sigma t}\, e^{-\frac{(\ln t - \mu)^2}{2\sigma^2}}\, dt, & x > 0, \\ 0, & x \leqq 0. \end{cases}$

b) $f_Y(t) = \begin{cases} \dfrac{1}{\sqrt{2\pi}\,\sigma t}\, e^{-\frac{(\ln t - \mu)^2}{2\sigma^2}}, & t > 0, \\ 0, & t \leqq 0. \end{cases}$

c) $E(Y) = e^{\mu + \frac{\sigma^2}{2}}$. d) $D^2(Y) = e^{2\mu + \sigma^2}(e^{\sigma^2} - 1)$.

2.30: a) $\dfrac{\mu_3}{\sigma^3} = \sqrt{2}$, $\dfrac{\mu_4}{\sigma^4} - 3 = 3$. b) $\dfrac{\mu_3}{\sigma^3} = 2$; $\dfrac{\mu_4}{\sigma^4} - 3 = 6$.

2.31: a) $f_X(x) = bpx^{p-1} e^{-bx^p}$ $(x > 0)$; $f_X(x) = 0$ $(x \leqq 0)$.

b) $Q_{1/2} = \left(\dfrac{\ln 2}{b}\right)^{\frac{1}{p}}$. c) $x = \left(\dfrac{1 - \dfrac{1}{p}}{b}\right)^{\frac{1}{p}}$.

2.32: a) $b > 0$: $F_Y(x) = \begin{cases} 0, & x \leqq a - b, \\ \dfrac{1}{2}\left(1 + \dfrac{x-a}{b}\right), & a - b < x \leqq a + b, \\ 1, & x > a + b; \end{cases}$

$b < 0$: $F_Y(x) = \begin{cases} 0, & x \leqq a + b, \\ \dfrac{1}{2}\left(1 + \dfrac{a-x}{b}\right), & a + b < x \leqq a - b, \\ 1, & x > a - b. \end{cases}$

b) $b > 0$: $F_Y(x) = \begin{cases} 0, & x \leqq a, \\ 1 - e^{-\lambda\left(\frac{x-a}{b}\right)}, & x > a; \end{cases}$

$$b < 0: \quad F_Y(x) = \begin{cases} e^{-\lambda\left(\frac{x-a}{b}\right)}, & x \leqq a, \\ 1, & x > a. \end{cases}$$

c) $b > 0: \quad F_Y(x) = \Phi\left(\dfrac{x-a}{b}; \mu, \sigma\right);$

$\quad\ b < 0: \quad F_Y(x) = 1 - \Phi\left(\dfrac{x-a}{b}; \mu, \sigma\right).$

2.33: a) $F_Y(x) = \begin{cases} 0, & x \leqq \dfrac{1}{e}, \\[2mm] \dfrac{e - x^{-1}}{e - 1}, & \dfrac{1}{e} < x \leqq 1, \\[2mm] 1, & x > 1. \end{cases}$

b) $f_Y(x) = \begin{cases} 0, & x \leqq \dfrac{1}{e}, \\[2mm] \dfrac{1}{(e-1)\,x^2}, & \dfrac{1}{e} < x \leqq 1, \\[2mm] 0, & x > 1. \end{cases}$

c) $E(Y) = \dfrac{1}{e-1} = 0{,}582\,0; \quad D^2(Y) = \dfrac{1}{e} - \dfrac{1}{(e-1)^2} = 0{,}029\,2.$

2.34: a) $E(Y) = \dfrac{\lambda}{1+\lambda}; \quad D^2(Y) = \dfrac{\lambda}{2+\lambda} - \dfrac{\lambda^2}{(1+\lambda)^2}.$

b) $E(Y) = \dfrac{2}{\lambda}; \quad D^2(Y) = \dfrac{4}{\lambda^2}.$ c) $E(Y) = \dfrac{1}{\lambda}\left(\dfrac{e+1}{e}\right).$

2.35: $1 - e^{-\lambda r}.$

2.36: a) $0{,}367\,9;\ 0{,}135\,3$ bzw. $0{,}049\,8.$ b) $\dfrac{1}{e} = 0{,}367\,9$ (für alle k).

2.37: a) $f_X(t) = \begin{cases} 0{,}01\,t\,e^{-0{,}1t}, & t > 0, \\ 0, & t \leqq 0. \end{cases}$ b) $0{,}329\,8.$ c) $E(X) = 20.$

d) $R_X(t) = \begin{cases} 1, & t \leqq 0, \\ e^{-0{,}1t} + 0{,}1\,t\,e^{-0{,}1t}, & t > 0. \end{cases}$ e) $\lambda(t) = \dfrac{0{,}01\,t}{1 + 0{,}1\,t}\,(t > 0).$

2.38: a) 13.   b) $-4.$ c) 14.   d) 98.   e) 39.

2.39: b) $\dfrac{1}{2}\sqrt{\lambda\pi}.$

2.40: a)

 Y X	1	2	3	Σ
1	0,35	0,14	0,01	0,5
2	0,15	0,06	0,09	0,3
3	0,20	0,00	0,00	0,2
Σ	0,7	0,2	0,1	1

b) Nein.

c) $E(X) = 1{,}7$; $E(Y) = 1{,}4$;

$D^2(X) = 0{,}61$;

$D^2(Y) = 0{,}44$.

d) $P(Z_1 = 4) = 0{,}35$, $\quad P(Z_1 = 7) = 0{,}14$, $\quad P(Z_1 = 10) = 0{,}01$,

$P(Z_1 = 5) = 0{,}15$, $\quad P(Z_1 = 8) = 0{,}06$, $\quad P(Z_1 = 11) = 0{,}09$,

$P(Z_1 = 6) = 0{,}20$, $\quad P(Z_1 = 9) = 0{,}00$, $\quad P(Z_1 = 12) = 0{,}00$;

$P(Z_2 = -2) = 0{,}01$, $\quad P(Z_2 = 2) = 0{,}06$, $\quad P(Z_2 = 8) = 0{,}20$.

$P(Z_2 = -1) = 0{,}14$, $\quad P(Z_2 = 3) = 0{,}15$,

$P(Z_2 = 0) = 0{,}35$, $\quad P(Z_2 = 6) = 0{,}00$,

$P(Z_2 = 1) = 0{,}09$, $\quad P(Z_2 = 7) = 0{,}00$,

2.41: a) $P(X = 1, Y = 0, Z = 0) = \dfrac{1}{5}$; $\quad P(X = 0, Y = 1, Z = 0) = \dfrac{7}{15}$;

$P(X = 0, Y = 0, Z = 1) = \dfrac{1}{3}$.

b) $E(X) = \dfrac{1}{5}$, $\quad E(Y) = \dfrac{7}{15}$, $\quad E(Z) = \dfrac{1}{3}$;

$D^2(X) = \dfrac{4}{25}$; $\quad D^2(Y) = \dfrac{56}{225}$, $\quad D^2(Z) = \dfrac{2}{9}$.

c) $B(X, Y, Z) = \begin{bmatrix} \dfrac{4}{25} & -\dfrac{7}{75} & -\dfrac{1}{15} \\[3mm] -\dfrac{7}{75} & \dfrac{56}{225} & -\dfrac{7}{45} \\[3mm] -\dfrac{1}{15} & -\dfrac{7}{45} & \dfrac{2}{9} \end{bmatrix}$

d) $\varrho(X, Y) = -\dfrac{1}{4}\sqrt{\dfrac{7}{2}} = -0{,}4677$;

$\varrho(Y, Z) = -\dfrac{\sqrt{7}}{4} = -0{,}6614$;

$\varrho(X, Z) = -\dfrac{1}{\sqrt{8}} = -0{,}3536$.

2.42: $F_{Z_1}(x) = F_X(x)\,F_Y(x)$; $\quad F_{Z_2}(x) = F_X(x) + F_Y(x) - F_X(x)F_Y(x)$.

2.43: $F_Y(x) = F^n(x)$; $\quad F_Z(x) = 1 - (1 - F(x))^n$.

2.44: a) $F_{(\xi, \eta)}(t_1, t_2) = \begin{cases} 0, & t_1 \leq x_1, & -\infty < t_2 < \infty, \\ p\Phi(t_2; x_1, \sigma), & x_1 < t_1 \leq x_2, & -\infty < t_2 < \infty, \\ p\Phi(t_2; x_1, \sigma) + (1 - p)\Phi(t_2; x_2, \sigma), & & \\ & t_1 > x_2, & -\infty < t_2 < \infty. \end{cases}$

b) $\varphi(t; x_1, \sigma)\,p + \varphi(t; x_2, \sigma)\,(1 - p)$.

2.45: $p_k^{(n)} = \dfrac{1}{n + 1}$ für $k = 0, \ldots, n$, $\quad p_k^{(n)} = 0$ für $k = n + 1, \ldots$;

gleichmäßige diskrete Verteilung.

2.46: a) $f_Y(t_2 \mid t_1) = \begin{cases} \dfrac{1}{t_1} & \text{für} \quad 0 < t_2 \le t_1, \\[2mm] 0 & \text{für} \quad t_2 \le 0 \quad \text{und} \quad t_2 > t_1. \end{cases}$

b) $f_{(X,\,\eta)}(t_1, t_2) = \begin{cases} \dfrac{1}{t_1} & \text{für} \quad 0 < t_1 \le 1, \quad 0 \le t_2 \le t_1, \\[2mm] 0 & \text{sonst.} \end{cases}$

c) $f_X(t_1 \mid t_2) = \begin{cases} -\dfrac{1}{t_1 \ln t_2} & \text{für} \quad 0 < t_2 \le t_1 \le 1, \\[2mm] 0 & \text{sonst.} \end{cases}$

d) $E(X \mid Y = t_2) = -\dfrac{1 - t_2}{\ln t_2}.$ e) $E(Y \mid X = t_1) = \dfrac{t_1}{2}.$ f) $\dfrac{1}{4}.$

g) $f_Y(t_2) = \begin{cases} -\ln t_2 & \text{für} \quad 0 < t_2 \le 1, \\[2mm] 0 & \text{für} \quad t_2 \le 0 \text{ und } t_2 > 1. \end{cases}$

2.47: a) Ja. b) Ja; $\varrho(X, Y) = 0$, d. h., X und Y sind unkorreliert; X und Y sind nicht unabhängig. c) Nein.

2.48: a) X ist $N\!\left(0, \sqrt{\dfrac{8}{5}}\right)$-normalverteilt;

Y ist $N\!\left(0, \dfrac{2}{\sqrt{5}}\right)$-normalverteilt;

(X, Y) ist normalverteilt mit den Parametern

$$\mu_1 = \mu_2 = 0, \quad \sigma_1^2 = \dfrac{8}{5}, \quad \sigma_2^2 = \dfrac{4}{5} \quad \text{und} \quad \varrho = \sqrt{\dfrac{3}{8}}.$$

b) $E(X) = 0; \; E(Y) = 0; \; D^2(X) = \dfrac{8}{5}; \; D^2(Y) = \dfrac{4}{5}; \; \varrho(X, Y) = \sqrt{\dfrac{3}{8}}.$

c) $\alpha = \dfrac{\pi}{6} \, (\hat{=} \, 30°).$

2.49: a) $f_X(t_1) = \dfrac{1}{2\sqrt{2\pi}}\, e^{-\frac{1}{2} \cdot \frac{(t_1 - 3)^2}{4}}; \; f_Y(t_2) = \dfrac{1}{4\sqrt{2\pi}}\, e^{-\frac{1}{2} \cdot \frac{(t_2 + 2)^2}{16}}$

b) $E(X) = 3; \; E(Y) = -2.$ c) $D^2(X) = 4; \; D^2(Y) = 16.$

d) $b(X, Y) = 0; \; \varrho(X, Y) = 0.$

2.50: a) $P(X = -1) = \dfrac{3}{8}; \; P(X = 0) = \dfrac{1}{4}; \; P(X = 1) = \dfrac{3}{8}.$

b) $P(Y = -1) = \dfrac{3}{8}; \; P(Y = 0) = \dfrac{1}{4}; \; P(Y = 1) = \dfrac{3}{8}.$

c) $P(X = i \mid Y = k) = \begin{cases} \dfrac{1}{3} & \text{für} \quad i = -1, 0, 1 \quad \text{und} \quad k = -1, 1, \\[2mm] \dfrac{1}{2} & \text{für} \quad i = -1, 1 \quad \text{und} \quad k = 0, \\[2mm] 0 & \text{für} \quad i = 0 \quad \text{und} \quad k = 0. \end{cases}$

d) Analog zu c); $X \leftrightarrow Y; \; i \leftrightarrow k.$

e) $0; 0.$ f) $\frac{3}{4}; \frac{3}{4}.$ g) $0.$ h) Ja.   i) Nein.

2.51: a) T ist $N(27,45; 0,380\,3)$-verteilt.   b) $0,807\,5.$

2.52: a) $\geq 25.$ b) $\geq 26.$ c) $\geq 26.$ d) $0,975\,1.$ e) $0,992\,8.$ f) $> 0,999\,9.$
   g) $\geq 24; \geq 24; \geq 24; 0,5; \approx 1.$

2.53: a) $F_R(r) = P(R < r) = \begin{cases} r^2, & 0 < r \leq 1, \\ 1, & r > 1. \end{cases}$

   b) $f_{(X,Y)}(t_1, t_2) = \begin{cases} \dfrac{1}{\pi}, & t_1^2 + t_2^2 \leq 1, \\ 0 & \text{sonst}. \end{cases}$

   c) $f_X(t_1) = \begin{cases} \dfrac{2}{\pi}\sqrt{1 - t_1^2}, & -1 \leq t_1 \leq 1, \\ 0 & \text{sonst}; \end{cases}$ $f_Y(t_2) = \begin{cases} \dfrac{2}{\pi}\sqrt{1 - t_2^2}, & -1 \leq t_2 \leq 1, \\ 0 & \text{sonst}. \end{cases}$

   d) $0,609\,0.$ e) Nein.

2.54: a) $f_Z(z) = \begin{cases} 0, & z \leq 0, \\ \dfrac{\lambda\mu}{\lambda - \mu}(e^{-\mu z} - e^{-\lambda z}), & z > 0, \end{cases}$ $(\mu \neq \lambda);$

   $f_Z(z) = \begin{cases} 0, & z \leq 0, \\ \lambda^2 z e^{-\lambda z}, & z > 0, \end{cases}$ $(\mu = \lambda).$

   b) $f_Z(z) = \begin{cases} 0, & z \leq -2, \\ \dfrac{1}{4}(z + 2), & -2 < z \leq 0, \\ \dfrac{1}{4}(2 - z), & 0 < z \leq 2, \\ 0, & z > 2. \end{cases}$

   c) $f_Z(z) = \varphi(z; \mu_X + \mu_Y, \sqrt{2}\,\sigma).$

2.55: a) Ja.   b) Nein.

2.56: $n \geq 1 - \log_2(1 - p).$

2.57: a) $E(R) = 0; D^2(R) = \dfrac{1}{12} \cdot 10^{-20}.$ b) $E(F) = 0; D^2(F) = \dfrac{n}{12} \cdot 10^{-20}.$

2.58: a) $F_{Z_1}(x) = \begin{cases} 0, & x \leq 0, \\ (1 - p(1 - x))^n, & 0 < x \leq 1, \\ 1, & x > 1; \end{cases}$

   $F_{Z_2}(x) = \begin{cases} 0, & x \leq 0, \\ 1 - (1 - px)^n + (1 - p)^n, & 0 < x \leq 1, \\ 1, & x > 1. \end{cases}$

   b) $F_{Z_1}(x) = \begin{cases} 0, & x \leq 0, \\ (1 - p e^{-\lambda x})^n, & x > 0; \end{cases}$

$$F_{Z_2}(x) = \begin{cases} 0, & x \leq 0, \\ 1 - (pe^{-\lambda x} + (1-p))^n + (1-p)^n, & x > 0. \end{cases}$$

c) $\quad F_{Z_1}(x) = \begin{cases} (p\Phi(x) + 1 - p)^n - (1-p)^n, & x \leq 0, \\ (p\Phi(x) + 1 - p)^n, & x > 0; \end{cases}$

$$F_{Z_2}(x) = \begin{cases} 1 - (1 - p\Phi(x))^n, & x \leq 0, \\ 1 - (1 - p\Phi(x))^n + (1-p)^n, & x > 0, \end{cases}$$

mit $\Phi(x) = \Phi(x; 0, 1)$.

2.59: Z ist poissonverteilt mit dem Parameter λp_0.

2.60: Z ist dreieckverteilt auf $[0, 2]$.

2.61: a) $\varphi_X(s) = pe^{is} + (1 - p)$.   b) $\varphi_X(s) = (1 - p(1 - e^{is}))^n$.

c) $\varphi_X(s) = \dfrac{\lambda}{\lambda - is}$.

d) $\varphi_X(s) = \dfrac{e^{ibs} - e^{ias}}{(b - a)is} \ (s \neq 0);$ e) $\varphi_X(s) = -\dfrac{(e^{is} - 1)^2}{s^2} \ (s \neq 0);$

$\quad\varphi_X(0) = 1.$ $\qquad\qquad\qquad\qquad \varphi_X(0) = 1.$

f) $\varphi_X(s) = \dfrac{e^{i\mu s}}{1 + \lambda^2 s^2};\ E(X) = \mu;\ D^2(X) = 2\lambda^2.$

2.62: a) $1 - e^{-t}$.   b) $1 - e^{-\mu t}$.   c) Ja.

2.63: 0.

2.64: a) Binomialverteilung mit den Parametern n und $p = \dfrac{1}{6}$.   b) 0.

c) $n_0 = 2\,778$ (Tschebyscheffsche Ungleichung); $n_0 = 633$ (Näherungswert entsprechend dem GWS von Moivre-Laplace).

2.65: 0,453 1.

3.1: a) $I_1^* = 1,126;\ I_{15}^* = 1,134$.   b) $1,126, 1,127, \ldots, 1,134$.   c) 0,008.   d) $\bar{I} = 1,130$.
e) $7,35 \cdot 10^{-6}$.   f) 0,24 %.

g) $\quad F_{15}(t) = \begin{cases} 0, & t \leq 1,126, \\ 0,0\overline{6}, & 1,126 < t \leq 1,127, \\ 0,2\overline{6}, & 1,127 < t \leq 1,128, \\ \vdots & \\ 1, & t > 1,134. \end{cases}$

3.2: a) $\quad F_{60}(x) = \begin{cases} 0, & x \leq 7, \\ 0,01\overline{6}, & 7 < x \leq 8, \\ 0,0\overline{3}, & 8 < x \leq 9, \\ \vdots & \\ 0,95, & 17 < x \leq 18, \\ 0,98\overline{3}, & 18 < x \leq 19, \\ 1, & x > 19. \end{cases}$

b)

Klassen-grenzen	Klassen-mitten	absolute Häufigkeiten	relative Häufigkeiten	relative Summen-häufigkeiten
6,5... 8,5	7,5	2	$0,0\overline{3}$	$0,0\overline{3}$
8,5...10,5	9,5	4	$0,0\overline{6}$	0,1
⋮	⋮	⋮	⋮	⋮
18,5...20,5	19,5	1	$0,01\overline{6}$	1,0

d) $\bar{x} = 13,4$; $s = 2,509$.   e) $\bar{x} = 13,45$; $s = 2,500$.

3.3: a)

Klassen-grenzen	Klassen-mitten	absolute Häufigkeiten	relative Häufigkeiten (%)	relative Summen-häufigkeiten (%)
8,5–11,5	10	1	2,5	2,4
11,5–14,5	13	4	10,0	12,5
⋮	⋮	⋮	⋮	⋮
29,5–32,5	31	1	2,5	97,5
32,5–35,5	34	1	2,5	100,0

e) $x = 21,025$; $s = 5,3228$.

3.4: $n = 47$.

3.5: a) $E(U_n) = \sigma^2$; ja.   b) $E(V_n) = \sigma$; ja.   c) Ja.

3.6: a) $E(S_n^2) = \sigma^2$; $D^2(S_n^2) = \dfrac{2\sigma^4}{n-1}$.

3.7: a) $\alpha = \dfrac{2}{n}$; $\beta = \dfrac{n+1}{n}$.   b) $\eta = \dfrac{3}{n+2}$.

3.8: a) $\hat{\lambda} = \dfrac{n}{\sum\limits_{i=1}^{n} x_i}$.   b) $\hat{\mu} = \dfrac{1}{n}\sum\limits_{i=1}^{n}\ln x_i$; $\hat{\sigma} = \sqrt{\dfrac{1}{n}\sum\limits_{i=1}^{n}(\ln x_i - \hat{\mu})^2}$.

c) $\hat{p} = 1 - \dfrac{n}{\sum\limits_{i=1}^{n} x_i}$.   d) Stichprobenumfang m: $\hat{p} = \dfrac{\sum\limits_{i=1}^{m} x_i}{mn}$.

3.9: 0,0043.

3.10: a) $\hat{\mu} = -1,474$; $\hat{\sigma} = 2,990$.   b) $\widehat{E(X)} = e^{2\hat{\mu} + \frac{\hat{\sigma}^2}{2}} = 20,034$; $\widehat{D^2(X)} = e^{2\hat{\mu} + \hat{\sigma}^2}(e^{\hat{\sigma}^2} - 1) = 3\,070\,615,634$.
c) $\bar{x} = 4,959$; $s^2 = 103,116$.

3.11: a) $\hat{p} = \sqrt[m]{\dfrac{k}{n}}$.   b) 0,8513.

3.12: a) $E(R^{(n)}) = \dfrac{2n}{2n+1}R$; nein.   b) $\delta = \dfrac{1}{\sqrt[2n]{\alpha}}$.

3.13: a) (341,149; 353,851).   b) (340,018; 354,982).   c) (51,921; 365,370).   d) $n = 26$.

3.14: $(0,0525;\ 0,2162)$.

3.15: a) Hypothese $H_0 : p' = 0,6$ wird nicht abgelehnt.   b) H_0 wird abgelehnt.

3.16: a) $\bar{x} = 34,411;\ \bar{y} = 36,490$.   b) $s_X^2 = 123,802;\ s_Y^2 = 353,010$.
c) $s_{XY} = 150,089$.   d) $r_{XY} = 0,7179$.

3.17: a) $(0,264;\ 1,861)$.   b) $(0,287;\ 2,022)$.   c) Keine Ablehnung der Hypothese $\sigma_X^2 = \sigma_Y^2$.

3.18: Keine Ablehnung der Hypothese.

3.19: Hypothese $H_0 : \mu = 1\,077,1$ wird nicht abgelehnt.

3.20: Nein.

3.21: a) H_0 wird nicht abgelehnt.   b) $(10{,}544;\ 13,456)$.

3.22: a) Keine Ablehnung.   b) Ablehnung.

3.23: „$\sigma_X^2 = \sigma_Y^2$" wird nicht abgelehnt, H_0 wird abgelehnt.

3.24: Hypothese wird abgelehnt.

3.25: Hypothese „$p = \dfrac{1}{6}$" wird nicht abgelehnt (p – Wahrscheinlichkeit, daß Augenzahl „5" auftritt).

3.26: b) $\bar{R} = 20,8;\ s_R = 0,81$.   c) $\approx 4\,\%$.

3.27: Gegen die Hypothese ist nichts einzuwenden.

3.28: H_0 wird nicht abgelehnt.

3.29: Nein.

3.30: Keine Ablehnung der Hypothese.

Variabilität	SAQ	Freiheitsgrade	MAQ
Total	827,339	47	–
Zwischen den Stufen	211,384	11	19,217
Innerhalb der Stufen	615,955	36	17,110

3.31: Keine unterschiedlichen Wirkungen.

3.32: a) $s_A^2 = 23\,470,1;\ s_E^2 = 6\,048,5$.
b) Gegen die Hypothese ist nichts einzuwenden.

3.33: a) $b_1 = 66,9524;\ b_2 = 1,0363;\ s_R^2 = 19,7842$.   b) H_0 wird abgelehnt.

3.34: a) $b_1 = 4,0112;\ b_2 = -93,0664;\ s_R^2 = 1,6935$.
b) H_0' wird nicht abgelehnt, H_0'' wird nicht abgelehnt.
c) $\beta_1 : (1,9418;\ 6,0806);\ \beta_2 : (-98,3231;\ -87,8096)$.

$$\left(4,011\,2 - 93,066\,4\tau - 4,372\,5\,\sqrt{0,1 + \frac{(\tau + 0,292\,9)^2}{0,691\,9}}\,,\right.$$

$$\left.4,011\,2 - 93,066\,4\tau + 4,372\,5\,\sqrt{0,1 + \frac{(\tau + 0,292\,9)^2}{0,691\,6}}\,\right)\quad \text{für}\quad f(\tau).$$

$$\left(4,011\,2 - \frac{93,066\,4}{t} - 4,372\,5\,\sqrt{0,1 + \frac{(1 + 0,292\,9t)^2}{0,691\,9t^2}}\,,\right.$$

$$\left.4,011\,2 - \frac{93,066\,4}{t} + 4,372\,5\,\sqrt{0,1 + \frac{(1 + 0,292\,9t)^2}{0,691\,9t^2}}\,\right)\quad \text{für}\quad \tilde{f}(t).$$

3.35: a) $y(x) = 2,485 + 9,468x$. b) $0,025\,4$. c) $(8,766;\,10,170);\,(2,229;\,2,740)$. d) H_0' wird nicht abgelehnt; H_0'' wird abgelehnt.

e) $$\left(2,485 + 9,468x - 0,356\,\sqrt{0,083 + \frac{(x - 0,333)^2}{0,257}}\,,\right.$$

$$\left.2,485 + 9,468x + 0,356\,\sqrt{0,083 + \frac{(x - 0,333)^2}{0,257}}\,\right).$$

f) $5,799$.   g) $6,745$.   h) $(6,159;\,6,385)$.

3.36: a) $0,675\,8$.   b) H_0 wird nicht abgelehnt.

3.37: a) H_0' wird abgelehnt.   b) H_0'' wird nicht abgelehnt.

3.38: a) X und Y sind nicht unabhängig. b) H_0 wird nicht abgelehnt.

3.39: A und B sind nicht unterscheidbar.

3.40: Kein signifikanter Unterschied.

4.1: Das erstgenannte Ereignis besitzt die größere Wahrscheinlichkeit.

4.2: b) $0,683\,6$.

4.3: $p = p'$.

4.4: a) $1 - p^5(2 - p^2)$.   b) $1 - p^4(2 - p^2)$.   c) $1 - p^3(2 - p^2)$.
d) Im Fall α) für alle, im Fall β) nur für die beiden ersten Varianten.

4.5: a) $0,670\,3$.   b) $0,529\,9$.

4.6: b) $E(F) = ab(1 + \delta)^2$, $D^2(F) = ab\sigma^2[\sigma^2 + (a + b)(1 + \delta)^2]$.

4.7: a) $\hat{p} = \sqrt[m]{\dfrac{k}{n}}$.   b) $\hat{p} = 0,851\,3$.

4.8: Irrtumswahrscheinlichkeit $\alpha = 0,05$.   a) Keine Ablehnung.   b) Ablehnung.   c) Keine Ablehnung.

4.9: $0,263\,5$.

4.10: Irrtumswahrscheinlichkeit $\alpha = 0,05$.   a) Keine Ablehnung der Hypothesen „$\mu_\mathrm{I} = \mu_\mathrm{II}$" und „$\sigma_\mathrm{I}^2 = \sigma_\mathrm{II}^2$".
b) Ablehnung der Hypothese „$F_\mathrm{I}(x) = F_\mathrm{II}(x)$ für alle x".
c) $r = 0,886\,1$.   d) Ablehnung der Hypothese „$\varrho = 0$".

4.11: Irrtumswahrscheinlichkeit $\alpha = 0,05$.   a) Ablehnung der Hypothese.   b) Keine Ablehnung der Hypothese bei Anwendung der (näherungsweise) normalverteilten Testgröße

$$T = \frac{f_1 - f_2}{\sqrt{pq\left(\dfrac{1}{n_1} + \dfrac{1}{n_2}\right)}} \qquad \left(\begin{matrix} f_1, f_2 - \text{rel. Häufigkeiten} \\[2mm] 1 - q = p = \dfrac{n_1 f_1 + n_2 f_2}{n_1 + n_2} \end{matrix}\right)$$

4.12: Irrtumswahrscheinlichkeit $\alpha = 0,05$. Hypothese „Maschinen arbeiten unabhängig und sind zu 93 % ausgelastet" wird abgelehnt; die beobachtete Auslastung beträgt 93,8 % ($\approx 93\,\%$), aber Abhängigkeit zwischen den Maschinen.

4.13: Die Komplettierungswahrscheinlichkeit ist gleich:

a) $\dfrac{4}{9}$.   b) $\dfrac{56}{81}$ bzw. $\dfrac{200}{243}$ bzw. $\dfrac{652}{729}$.   c) $\dfrac{80}{243}$.

d) $\dfrac{16}{81}$; 0; $\dfrac{32}{81}$; $\dfrac{24}{81}$; 0; $\dfrac{8}{81}$; $\dfrac{1}{81}$.

4.14: Irrtumswahrscheinlichkeit $\alpha = 0,05$.   b) Nein.

4.15: $n \geqq 5\,521$ bei $p = 0,03$, $n \geqq 21\,172$ bei $p = 0,008$ für die Irrtumswahrscheinlichkeit $0,05$.

4.16: Irrtumswahrscheinlichkeit $\alpha = 0,05$.   a) Nur: Ablehnung der Hypothese „Mittelwerte bei extremen Geschwindigkeiten sind gleich".
c) Keine Ablehnung der Hypothese.
d) Ablehnung der Hypothese.
b) und e) nicht anwendbar.

Literatur (Aufgabensammlungen)

[1] Autorenkollektiv (Leitung: *R. Struck*): Allgemeine Statistik (Aufgabensammlung mit ausführlichen Lösungswegen). 4. Aufl. Berlin 1971.
[2] Autorenkollektiv der Sektion Mathematik der TU Dresden (Leitung: *H. Wenzel*): Übungsaufgaben zur Mathematik (Heft 8). Dresden 1972.
[3] *Емельянов, Г. В.; Скитович, В. П.*: Задачник по теории вероятностей и математической статистике. Ленинград 1967.
[4] *Heinold, J.; Gaede, K.-W.*: Aufgaben und Lösungen zur Ingenieur-Statistik. Oldenbourg 1973.
[5] *Sweschnikow, A. A.*: Wahrscheinlichkeitsrechnung und mathematische Statistik in Aufgaben (Übers. a. d. Russ.). Leipzig: BSB B. G. Teubner Verlagsgesellschaft 1970.
[6] *Wentzel, E. S.; Owtscharow, L. A.*: Aufgabensammlung zur Wahrscheinlichkeitsrechnung (Übers. a. d. Russ.). 2. Aufl. Berlin: Akademie-Verlag 1975.

Mathematik für Ingenieure, Naturwissenschaftler, Ökonomen und Landwirte